数字媒体
平面艺术设计
中文全彩铂金版案例教程

谢曼丽 王紫淇 程艳 主编

中国青年出版社

图书在版编目（CIP）数据

数字媒体平面艺术设计中文全彩铂金版案例教程／谢曼丽，王紫淇，程
艳主编 . 一 北京：中国青年出版社，2023.5
ISBN 978-7-5153-6902-0

I.①数… II.①谢… ②王… ③程… III.①平面设计一图象处理软
件一教材 IV.①TP391.413

中国版本图书馆CIP数据核字（2022）第257292号

律师声明

侵权举报电话

全国"扫黄打非"工作小组办公室
010-65233456　65212870
http://www.shdf.gov.cn

中国青年出版社
010-59231565
E-mail: editor@cypmedia.com

项目策划：张鹏
执行编辑：张沣
责任编辑：张君娜
封面设计：乌兰

数字媒体平面艺术设计中文全彩铂金版案例教程
主　　编：谢曼丽　王紫淇　程艳

出版发行：中国青年出版社
地　　址：北京市东城区东四十二条21号
网　　址：www.cyp.com.cn
电　　话：（010）59231565
传　　真：（010）59231381
企　　划：北京中青雄狮数码传媒科技有限公司
印　　刷：河北景丰印刷有限公司
开　　本：787mm x 1092mm　1/16
印　　张：13.5
字　　数：423千字
版　　次：2023年5月北京第1版
印　　次：2023年5月第1次印刷
书　　号：ISBN 978-7-5153-6902-0
定　　价：69.90元（附赠超值资料，含教学视频+案例素材文件+PPT
　　　　　课件+海量实用资源）

本书如有印装质量等问题，请与本社联系　　电话：（010）59231565
读者来信：reader@cypmedia.com　　　　投稿邮箱：author@cypmedia.com
如有其他问题请访问我们的网站：http://www.cypmedia.com

前言

首先，感谢您选择并阅读本书。

关于平面设计的软件

平面设计是具有艺术性和专业性的，泛指以视觉作为沟通和表现的方式，通过多种设计方式结合符号、图片和文字等元素，制作出用来传达想法或信息的视觉表现。随着信息技术的发展和信息时代的到来，各种各样的平面设计作品映入我们的眼帘，例如各式的海报、宣传单、产品的包装、名片、杂志和书籍等。

Photoshop、Illustrator、CorelDRAW和InDesign这4种平面设计软件，自推出之日起就深受平面设计工作者的喜爱，也是当今流行的图像处理、矢量图形编辑和版面设计软件。在实际的平面设计工作中，设计人员很少只使用单一的软件来完成设计工作。要想设计出出色的平面作品，往往需要多种平面设计软件结合使用，利用各自的优势，制作出吸睛的平面作品。Photoshop具有强大的图像设计功能，Illustrator和CorelDRAW具有强大的矢量图形绘制和编辑功能，InDesign具有强大的版面设计和制作功能。这4种平面设计软件各有所长，能够满足我们的平面设计要求。

章节结构

本书共分为10章，详细地介绍了平面设计的相关知识，包括Photoshop软件的应用、Illustrator软件的应用、CorelDRAW软件的应用、InDesign软件的应用、名片的设计、卡片的设计、海报的设计、包装的设计和杂志的设计等。

第1章介绍了平面设计的相关知识和4种设计软件的基础操作。

第2章到第5章分别介绍Photoshop、Illustrator、CorelDRAW和InDesign 4种软件最擅长的功能。同时，通过实战练习讲解重要知识点的应用，每章最后通过上机实训的形式介绍单个软件的应用。

第6章到第10章分别通过典型的案例，详细讲解4种平面设计软件的综合使用，以及这些案例的操作流程和设计技巧。

本书的特点

本书以功能讲解+实战练习的形式，详细地介绍Photoshop、Illustrator、CorelDRAW和InDesign 4种软件的应用。通过精彩的实用案例，细致地讲解如何利用这4种软件来完成专业平面设计的方法。

本书在介绍案例应用的过程中融入软件操作的相关知识点，并努力做到操作步骤清晰准确，使读者能够在掌握各种软件功能应用的基础上，启发设计灵感，提高设计能力。

其他说明

本书在编写过程中力求严谨，但由于时间和精力有限，书中难免存在纰漏和考虑不周之处，敬请广大读者批评指正。

编 者

Ps Ai
Id Cdr

目录

第一部分 基础知识篇

第3章 应用Illustrator进行矢量图形编辑

第4章 应用CorelDRAW进行矢量图形绘制

第二部分 综合案例篇

第 6 章 名片设计

第 7 章 卡片设计

第 8 章　海报设计

第 9 章　包装设计

第 10 章　杂志设计

第一部分

基础知识篇

基础知识篇主要对平面设计的相关知识和4种常用平面设计软件的功能进行介绍。Photoshop软件主要介绍图像的调整功能，Illustrator软件主要介绍图形的绘制、填充上色和添加文字等功能，CorelDRAW软件主要介绍图形的绘制和编辑等功能，InDesign软件主要介绍页面布局、图文排版等功能。

在介绍基础知识时采用理论结合实战的方式，让读者充分理解和掌握软件各种功能。通过基础知识的学习，为制作后续的综合案例奠定良好的基础。

▌第1章　平面设计的相关知识
▌第2章　应用Photoshop进行图像处理
▌第3章　应用Illustrator进行矢量图形编辑
▌第4章　应用CorelDRAW进行矢量图形绘制
▌第5章　应用InDesign进行版式设计

Ps Ai
Id Cdr

Ps Ai Id Cdr 第1章 平面设计的相关知识

本章概述

　　虽然由于时间、地域、受众等因素的不同，没有一种设计会被所有人认可，但好的设计作品都有一些共同的特征。本章将对平面设计的有关知识进行详细介绍，帮助读者掌握平面设计的基本原理，从而激发设计灵感。

核心知识点

① 理解平面设计的概念
② 了解广告设计
③ 了解印刷的相关内容
④ 熟悉位图和矢量图
⑤ 了解平面设计软件的应用

1.1 平面设计理论知识

　　平面设计可以说是一种静态的艺术，是在各种形式的静止平面上展示一种自然的美。使人们受到美的熏陶，体现出一种视觉文化，是平面设计的目标。平面设计的目的是调动所有与平面有关的因素，准确地将需要表现的内容传达给人们。

1.1.1 平面设计的概念

　　平面设计主要研究如何用绘画、构图和色彩，为各种形式的平面作品赋予自然的美和丰富的内涵，进而把信息准确地传达给受众。人们在生产、生活中需要交流和传达各自的信息，平面设计的发展与人们的生活和社会活动息息相关。

　　随着社会的进步和发展，平面设计从古典走向现代，并逐步完善起来。有了规范的内容和共同遵守的规则，平面设计活跃在商业广告、商品、文化活动、会议、布展、家居环境等诸多领域。通过平面设计作品，人们能够轻易地获得准确且具有美感的各种信息。下左图为某品牌新款服装的广告，表达了鲜明的主题内容。下右图为某电商网站首页的手机广告。

　　下面对一些常见的现代平面设计工具的功能进行介绍。

● **获取素材类工具**：数码照相机、读卡器、数码摄像机、扫描仪以及手机等。
● **平面设计类软件**：Photoshop、Illustrator、CorelDRAW以及InDesign等。
● **保存设计作品的工具**：U盘、硬盘、网盘和云盘等。
● **输出设计作品的工具**：投影仪、彩色打印机等。

　　现代设计工具不仅需要设备，还需要相应的设计软件，二者缺一不可。对于现代平面设计者而言，首先要学习设计理念和设计方法，然后学习使用平面设计工具。学习使用工具其实就是学习计算机软件的使用方法。

平面设计不是独立存在的，它与印刷技术有着紧密的关系，甚至被印刷技术直接影响着。其最终表现形式主要靠印刷，而印刷的种种因素和问题，会影响到平面设计的具体实施。平面设计在印刷技术发展的不同阶段，能表达的内容是完全不同的。

以下两图展示了近代印刷技术与现代印刷技术的平面作品。对两种印刷技术进行对比，哪个包含的信息更丰富、更引人眼球，答案显而易见。

1.1.2 平面设计的构成形式

平面设计的构成包括构图的构成要素与构图的基本结构两个方面，下面分别进行介绍。

（1）构图的构成要素

构图是设计者为了表现某些思想、意境或情感，在一定范围内，运用审美原则，对各种形象或符号进行合理安排。这种安排包括平面与立体两个层面。由于立体层面上的构图角度可变，所以形象或符号所占有的空间很难用固定的方法论述。因此，在研究构图问题时，所指多为平面构图。平面构图包括3个方面的构成要素。

① 内容要素

内容要素包括文字、插图和标志。在将内容要素转化成画面的过程中，必须要将文字、插图、标志等转化为点、线、面等形式，并遵循平面构成的原理。同时，在转化过程中，应以信息传达为第一要务，不能单纯为了形式美而忽视传达信息内容。下页左上图是一张标准的手表广告图，不失艺术的美感。

② 形式要素

平面设计包括很多形式要素，对构图有直接影响的要素主要有以下3种。

a. 画幅：画幅主要是从尺度和形态上影响构图。因此，在进行构图时，必须要考虑画幅的尺度和形态。

b. 边框：边框主要是指画幅的边缘，在构图时必须要对其进行线性处理。这样可以起到限定画幅、强化画面、增强视觉冲击力的作用。下页右上图是一张依托边框烘托整体效果的图片。

c. 背景：背景是指一定面积的色域或图形形象，在画面中为了衬托主要形象而存在。

③ 关系要素

关系要素与内容要素、形式要素密不可分，内容要素、形式要素均呈现出独立的形态。要将这些独立的形态恰当地融合在一起，必须要处理好相互之间的关系，并且要正确突出和强化主要形态，处理好次要形态，从而使两者形成一定的视觉秩序，以便更好地完成视觉传达的功能。

那么，在构图中需要考虑的关系要素包括哪些呢？形状、位置、面积、方向、层次等是应该被设计者所考虑的。下面，我们依次进行介绍。

a. 形状关系：主要是指设计要素的大小、长短、宽窄、方圆、曲直等形态差异。

b. 位置关系：在构图中，中心位置往往是最容易引起人们关注的点。这就要求设计者要将重要内容放在其中，同时采用位置的相离、相接、相叠等或密集、或疏离的关系，引起人们的注意。下图是一张强调中间位置信息的广告图。

c. 面积关系：不同的面积会引起人们不同的关注度，进而形成视觉冲击。通常来说，整个画幅由正形和负形组成。正形通常是指设计要素，而负形则指背景等衬托正形的要素，它们所占的面积大小均有所不同。若将其进行变化，也可将正、负形进行转化。

d. 方向关系：通过方向的变化与差异，也可以营造出不同的注意力。其中，对比性较强的方向注意值较高，而对比性较弱的方向则更具秩序感。各形态之间的方向有横竖、正斜、平行、成角等差异。

e. 层次关系：层次的重叠可使平面营造出三维效果，并形成先后变化。其中前进感较强的为第一层次，适合安排主要形态；而后退感较强的为第二和第三层次，适合安排些次要形态或背景。

（2）构图的基本结构

构图的基本结构包括几何型构图、线条型构图、位置型构图和其他构图，下面分别进行介绍。

① 几何型构图

几何形体是人们对自然形象的概括，能引起观者某种心理上的通感，有一定的暗示作用。常见的几何型构图方式包括三角形构图、一角型构图、图形构图、"S"形构图、"V"形构图和"X"形构图等。

a. 三角形构图

三角形构图富于变化，尖锐的角感、边缘的直线及较圆润的弧线有更加年轻前卫、动感强烈的感觉。

● 接近正三角形（金字塔形）的构图是最具安全稳定因素的形态。下左图是一张运用对称正三角形构图原理拍摄的图像。

● 斜三角则带给人动感和灵活感。下右图是在体育摄影中斜三角构图的运用，展示了滑雪的速度。

● 以画面侧边为底边的三角形构图，形式大胆，显得比较前卫。下左图的三角形构图，是对年轻、时尚最有力的诠释。

● V形的倒三角形给人以向上的飞腾感，其边缘形式有直线、内弧线、外弧线等几种。有较大弧线的V形给人一种灵巧柔和的感觉，下右图的翅膀给人轻盈飘逸的感觉。

直线带有锐利的感觉，因此，锋利V字三角形元素有向上感，能够调动观众的情绪。下页左上图的剪刀给人以直接的锋利感。

有弧线V字三角形元素在突出向上感的基础上显得更加柔和。下页右上图雄鹰飞翔既有速度感，又有灵活、轻盈的感觉。

b. 一角型构图

一角型是一种大胆的构图方式，对设计创意的要求较高，大面积的留白让视觉上开阔放松，自然感强，给观者留出了想象的空间。下左图的留白放大了想象的空间，画面形象仅仅是个引子，情节由观众自己去琢磨。

c. 圆形构图

平面上的圆形构图很容易让人联想到车轮，进而形成旋转运动的感觉。而立体空间中的圆形则为球体，可营造出饱满充实、内向亲切、触觉柔和的感觉。

下右图从构图上看，是一个圆形，并且有明显的旋转运动的感觉。需要注意的是，大的圆圈也可以留一个缺口，进而形成被称为"破月圆"的构图。

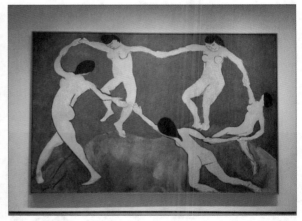

d. S形构图

S形构图，也称之字构图，容易让人联想到蜿蜒盘旋的蛇形运动，或是人体柔和的扭曲。使用这种构图形式，可以产生一种优美、流畅的感觉，还可形成纵深盘旋的情趣。

下页上左图河流的风景构图迂回上升，将观看者的视线顺S形引向上方，形成一种继续向上延伸的效果，给人留有想象的空间。

e. V形构图

V形构图是一种活泼、有动感的构图形式。它形似旋转的陀螺，有微微晃动不定的感觉。下页右上图芭蕾舞演员的脚尖以一种向上、向外扩张、爆炸的形式，给人以强烈的不稳定感。但从相反方向理解，有时又有集中的意味。

f. X形构图

X形构图能使画面产生丰满的感觉。使用丰富而深邃的X形构图与设计创意密切配合，可以用来传递富有哲理的意味。

右图按X形布局进行设计，透视感强烈，意义深远，交叉的旗帜是代表交战停止还是开战前的准备呢？这就给了看到这幅作品的人以遐想的空间。

② 线条型构图

a. 水平线

平直的水平线构图多用于广袤天地、海景或其他风景画的表现，给人开阔、平静、静穆、安宁、开阔的感觉。

艺术家在运用水平线构图形式时，往往会保留平直的视平线，并使其不受前景物象的破坏，以凸显景致的宽广。

下图是特罗容的著名作品《去耕作的牛群》，这幅作品以开阔的视野展现了一片开阔的田野画面。朝霞初起，在清晨温暖的阳光下，一个农夫正赶着牛群，从地平线迎面徐徐走来。大地好像还未苏醒，空气中充满着朝露的水汽。牛群走过扬起的尘土和还没有散尽的晨雾，在阳光中融合在一起，衬托着牛群的身影。几道霞光将牛群的阴影投射在牛蹄下，土地则被描绘得带有感情，棕褐色的调子使人感到亲切。

b. 垂直线

垂直线条容易让人联想到参天大树和高耸的柱子等事物，可以营造出庄严、肃穆、威严、寂静的感觉，同时还会使画面的动感减少，增加静谧色彩。

下图是一张在仰视的垂直视角下拍摄的大树，整个画面让人顿觉在大自然面前渺小卑微，对参天大树肃然起敬。

c. 斜线

斜线型构图是将主体、文字在版面结构上做斜线的编排，或利用斜线分割版面所形成的构图方式。下面逐一对斜线型构图的细分效果进行详细介绍。

- 主体形象稍微倾斜，可以使版面形成一定的动感和趣味，打破沉闷。下左图以简洁的主体，微微倾斜的构图，营造出随意感，视觉上非常舒适。
- 主体形象的剧烈倾斜会使画面产生强烈的动感或不稳定感。下右图利用剧烈的倾斜元素，形成极强的视觉冲击力，引人注目。

- 版面的斜线型分割是一种活泼的分割形式，角度不同，给人的感觉也不同。倾斜度越大，感觉越活跃。加上稍微的曲度，能够使斜线的亲和力变强。在下页的左上图中，以斜线分割画面，利用动感元素对分割线进行了突破。

d. 曲线

曲线构图是以曲线形状为主体或将图像、文字在版面结构上作曲线编排所形成的构图方式。

曲线构图是较为活泼的构图方式，有比较强的动感，能够产生如音乐般的韵律与节奏。曲线的形式微妙而复杂，可概括为回旋的S形、闭合的O形和弧线的C形。下面分别对其进行详细介绍。

- S形元素的运用或对画面的S形分割会使构图具有流动感，能让画面更有韵味、节奏和曲线美，往往用于比较柔和的女性化内容，如下页右上图所示。

- ○形构图可形成完美和睦的感觉，对画面的圆形分割不仅具有流动感，而且会使人的视线向圆心集中，有收拢、闭合的感觉。在下左图的○形构图中，别出心裁的五环造型传达出奥运团圆、圆满的含义。
- 弧线的C形让人感觉饱满、扩张，并有一定的方向感，这种形式比较中性化，应用较广。下右图带有现代科技风格，画面感非常突出。

③ 位置型构图

a. 包围型构图

包围型构图往往与创意紧密结合，包围圈的中心一般是观者视线的中心，周围的物象有向中心指向的作用。

- 认同者、崇拜者的包围。下图中的中心人物被众人包围，代表一种大众的认可，也表现出中心人物自身的吸引力。

● 危险的接近与包围。下图表现的是主体处于危险的环境中，包围型构图诠释出无路可走的意味。

b. 满版型构图

画面将图像充满整版，主要以图像为诉求，文字的配置在画面上下、左右或中部的位置上，视觉传达直观而强烈，是商品平面广告常用的形式。

● 以一个主体图像为主要构成形象的满版型构图给人大方、舒展的感觉，如下左图所示。
● 冲破设计边缘的出血型满版能够给人以强烈的视觉冲击力。下右图狼的身体贯穿了整个版面，使人的视觉焦点集中在狼的眼部，突出了猛兽的凶狠。

c. 主体居中型构图

主体居中是平面设计中突出主体常用的一种构图方法。将主体放置在画面的中间或黄金分割处，营造视觉中心，用以吸引观者视线。使用居中型构图方式时，若主体较小，大面积留白，整体设计会给人一种轻巧灵便的感觉。若主体大小适中，则真实感强，平易亲切。中等大小的主体，则给人以贴近现实之感。右图的主体位于画面中心且小巧可爱，给人以俏皮、轻盈的感觉，富有弹性。

d. 分割型构图

分割型构图分为上下分割构图和左右分割构图，下面依次进行介绍。

● 上下分割型构图：即以构成元素将整个版面分成上下或上中下等不同的部分。

例如将整个设计分为比较明显的上下两部分，常见的利用地平线、海平面等进行分割，这种分割的横向构图，给人以舒展、安静、含蓄之感。

为了增加设计活力，设计师通常还会在分割线上做不同的处理，例如利用一些物象将分割线打破，或上、中、下三层分割，或大面积留白，使造型元素对画面产生"破"和"立"的效果，不再有僵化感。

右图是一张电影的海报，整张图被分为上、中、下三部分，版面容量明显增大，给人以画面饱满的感觉。

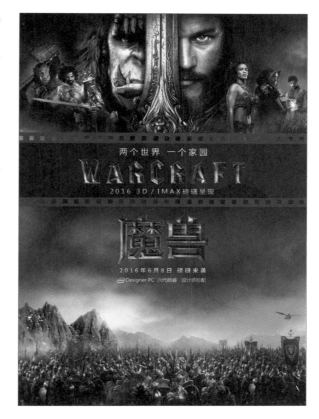

● 左右分割型构图：利用构图元素把整个版面分割为左右不同的部分。

当画面左右两部分对称时，即可形成比较稳定的视觉感觉，亦可表现对立的两方面。画面左右两边以黄金分割线分割时，可形成视觉上较为舒适的构图，观者视觉倾向于较大的部分。当图像左右两边以斜线分割时，构图会表现出动感，如右图电影宣传海报。

④ 其他构图

a. 散点构图

散点型构图是指画面中的要素间呈自由分散的编排。这种散状排列强调感性、自由随机性、耦合性，强调空间和动感，追求的是新奇和刺激的心态，往往表现为一种较随意的效果。

面对散点构图的画面，观看者的视线会随画面中的图像、文字作或上或下或左或右的自由移动阅读，这种阅读比较生动有趣，带来的感受是随意、轻松与慢节奏。另外，几何分割的多块型构图形式也是散点型构图的一种。

下页左上图是一幅散点创意图像，设计者用自由奔放的颜料泼墨效果带动图像氛围，为图像的主体运动鞋增添了时尚感，同时令人产生穿上这双鞋子走路会更加轻便、舒适的感觉。

b. 对称构图

对称构图是指各视觉形象沿中轴线对称分布，从而营造出视觉平衡的状态，表现出静止、稳定、典雅、严峻、冷漠，风格严谨、朴素大方、简洁淡雅的画面效果。下右图采用对称构图方式结合插画风格，给人留下深刻的印象。

c. 不对称构图

不对称构图是指版面的所有组成部分或大多数组成部分，均不由中轴线对称划分。这种构图的视觉效应与对称构图完全相反，但显得更为生动，更加别致。下图的不对称耳环，显得更加精致，栩栩如生。

1.2 平面广告设计

广告设计是人类现代生活的一部分，对于信息的传递起到非常重要的作用。广告设计按照媒介分类，主要有两类：在时间和空间上进行的影视广告设计和在平面上进行的平面广告设计。

不论是何种广告设计，其设计概念、设计手段、运作机制以及传媒的基本作用都是一致的。在本节中，如果不特别强调，提到的"平面设计"均是指平面广告设计。

1.2.1 广告设计的概念

广告设计是一项研究人们心理、内容表达形式、版面构成原理，并实施的系统工程。也就是说，平面设计是通过平面设计语言准确地表达广告主题，并借助于各种介质进行表现。

从另一角度讲，广告设计又是一种创造媒介的手段，是在主述内容和受众之间搭建起的一座桥梁。通过广告设计，人们能够及时了解信息，从而利用这些信息。下页上图的广告设计效果，凸显了护肤品源自天然植物的特点，抓住了偏爱草本护肤消费者的心理。

1.2.2　广告的分类

在广义上，广告设计主要包括：反映广告中心主题的广告创意和介质广告设计。在具体的表现形式上，广告有以下几种类型。

（1）实时性广告

实时性广告主要是为了体现广告的实时性，及时、准确地传递信息。设计时常用动人的图像、醒目的标题或惊人的效果构成强烈的视觉冲击力，以期能够即刻产生广告效应。

下左图为某演唱会的海报。歌手本人的照片占据了海报的右半部分，吸引人们的注意力，文字则提醒人们抓住这一晚难得的机会。这是一则典型的实时性广告。

（2）延时性广告

通过广告语言和版面效果，使广告内容在时间轴上具有伸延性和连续性，从而让人们产生期盼、等待的心理，从而对广告的内容维持长久的记忆。

下右图通过一组画面，逐步向人们揭示了广告的主题：运动鞋。最后展现出主题内容。这组画面在时间上具有延续性，使人们始终怀着期盼的心理等待结果。

（3）理智性广告

在仔细分析受众的心理因素之后，创作出一种最能符合受众心理的广告，使人们理智地接受和听从广告的引导。

1.2.3　平面设计的版面类型

在平面设计中，版面设计的要素和风格有规律可循，广告的版面也不例外。为了更简单明了地了解广告的版面设计，我们归纳了两种非常直观的版面类型。下面逐一进行介绍。

（1）标准型

日常生活中，人们见到最多的是标准型广告，这种广告一般会按照阅读习惯自上而下分别展示图片、标题、说明文、商标、公司信息等内容。

标准型以图片作为先导，用图引起人们的注意，然后阅读与图片相关的标题、说明等。下左图是一则标准型广告。

（2）标题型

标题型广告注重突出文字的提示作用，标题在前，随后依次是图片、说明文和其他版面信息。

分量很重的标题在设计时，需要根据整个版面的平衡进行考虑，色彩、字号、字体都要进行仔细地斟酌。下右图是典型的标题广告。

1.2.4　平面广告的构成要素

一则广告由若干要素构成，要素的作用是向受众准确地传递信息。广告要素包括标题、图片、说明文字等。按照功能划分，广告要素主要包括内容要素和造型要素两大类，下面分别进行介绍。

（1）内容要素

内容要素主要由文字和色彩构成，包括的具体要素和设计要求分别如下。

① 标题

标题是广告文案的一部分，有主标题和副标题之分。主标题是广告的主题，意义明确，用词简练，必须置于版面最醒目的位置。

副标题具有提示性，是主标题的说明延伸，起到强化和扩展主题的作用。

在设计时，标题应与版面其他要素相呼应，构成一个具有点、线、面设计特点的艺术整体。

② 说明文

说明文是广告中比较细致的部分，是广告文案的叙述性文本，一般在主标题的下面或附近。

说明文必须使用简洁、明了的语言，忌讳晦涩难懂的文体。内容表达则要真实、可靠、不浮夸，并要具有感召力。下页上左图是一则科技领域的广告宣传图，其主题明确、风格简洁。

③ 公司相关信息

有关公司的信息包括公司名、联系电话、通信地址、官方网络地址、电子邮件等。

版面布局要服从版面的整体效果，公司信息要求准确、简明扼要，常置于版面底部。

④ 色彩

色彩是视觉表述的媒介，人们能够通过色彩对广告予以注目并加深记忆。色彩不是孤立的，它可通过版面上的其他要素表现出来，比如图片、文字等。

色彩设计要遵循配色规律，应与商品内容或广告主题相符。为了获得最佳的视觉感受，冬天采用暖色系，夏天采用冷色系，可缓解气候对人们的生理和心理影响。

一般而言，大型产品或主题多采用对比鲜明的色彩。而柔和对比的色彩则常用于小件商品，比如首饰、灯饰、化妆品等广告。下右图是服饰广告图，可以明显感觉服饰类的广告图整体颜色较为鲜艳。

（2）造型要素

造型要素包括版面构成形式、商标、标志、图形、图片、绘画、美术字、装饰性纹理等。相对于前面介绍的广告文案，造型要素属于广告图案。

① 版面构成形式

版面的整体结构和布局是广告彰显个性和捕捉视线的基础。在设计时，常采用统一的结构布局和线条轮廓，以构成具有个性化的、一致性的风格。

② 商标与标志

商标和标志在广告版面中有两个重要作用：其一，装饰版面；其二，具有点构图特性，集中视觉注意力，产生记忆与联想。后者往往是最重要的作用。

商标、标志的设计应与企业性质、商品特色相符合，要简单明确、易于识别和记忆，并且能够经受住时间的考验。

③ 图形、图片与绘画

图形、图片与绘画是最直接的造型要素，直观、自然、易于理解。图形、图片和绘画亦可用于版面的背景。

在设计中，这些要素要与主题保持密不可分的关联，并融入主题中。图形、图片和绘画应负担起引导人们从看、读开始，直到产生印象和记忆的任务。

1.2.5 广告的作用

为什么商家花费重金也要做广告呢？在现代商业模式中，广告已经成为商业竞争的常用手段，广告的作用在未来的商业发展中依然扮演着越来越重要的角色。广告的作用通常有如下几点。

① 突出特点与特征

广告的一个重要作用是突出产品的特点与特征，使人们在最短的时间内清晰地了解产品信息。在表现手法上，突出最能展示产品特点的某个功能或者特色，以适当的比例展现这些特点和特征。

② 引起注意和兴趣

通过对热门的话题、民俗、风土人情等内容的宣扬，引起人们的共鸣，从而产生亲切感，增加大众对广告的兴趣，从而提高广告的亲和力和说服力。

③ 挑起欲望

利用广告激发人们参与、从事、拥有、购买产品的欲望。对于广告的主题内容（例如音乐会、商品宣传等），诠释是否准确、详细、适时，是能否挑起人们欲望的关键。

④ 建立信任

广告的一个重要作用就是建立和维护人们的信任感，从而获得长期稳定的关注和投资。

真实、不浮夸的广告，可增加人们对事物、信息、商品等的信任感。虚假广告是一种非常愚蠢的行为，不仅丧失了信誉，而且对受众造成伤害后很难挽回信任感。

1.3 印刷常识

平面设计师如果对印刷流程和工艺不够了解，那么作品落地时必将大打折扣，所以了解印刷技术方面的基础知识，是每个平面设计师的必修课。

1.3.1 印刷流程

平面设计印刷工艺流程如右图所示。设计作品通常以电子文件的形式首先打样，以便了解设计作品的色彩、文字的字体、位置是否正确。

样品确认无误后送到输出中心进行分色，得到分色胶片。

然后根据分色胶片进行制版，制作好的印版装到印刷机上，进行印刷。

为了更准确地了解设计作品的印刷效果，也有在分色后进行打样的，不过费用稍高。

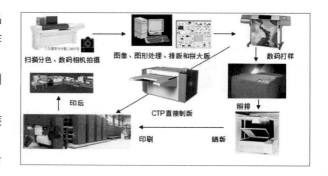

1.3.2 印刷色

印刷色采用的是印刷四原色，是由不同的C、M、Y和K的百分比组成的颜色，通常称为"混合色"。C、M、Y、K代表印刷上用的4种颜色。C代表青色，M代表品红色（也称为洋红色），Y代表黄色，K代表黑色，如下图所示。

在印刷原色时，这4种颜色都有自己的色版，在色版上记录了这4种颜色的网点，这些网点是由半色调网屏生成的，把4种色版合到一起就形成了所定义的原色。调整色版上网点的大小和间距，就能形成其他的原色。

实际上，在纸张上面的4种印刷颜色是分开的，只是很相近，由于我们眼睛的分辨能力有一定的限制，所以分辨不出来。

我们得到的视觉印象就是各种颜色的混合效果，于是产生了各种不同的原色。

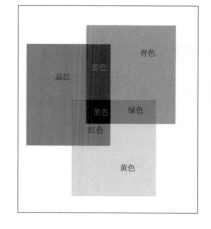

Y、M、C 3种颜色可以合成几乎所有颜色，但因为通过Y、M、C 3种颜色产生的黑色是不纯的，在印刷时需更纯的黑色，若用Y、M、C混合产生的黑色，会出现局部油墨过多的问题。所以在实际应用中，我们引入了K（黑色）。黑色的作用是强化暗调，加深暗部色彩。

以文字和黑色背景为主的印刷品，印刷色序一般采用青、品红、黄、黑。但若有黑色文字或背景套印黄色，则应该把黄色放在最后一色。

1.3.3　出血

出血又叫"出血位"（实际为"初削"），是指印刷时为保留画面有效内容预留出方便裁切的部分，是一个常用的印刷术语。

印刷中的出血是指加大产品外尺寸的图案，在裁切位加一些图案的延伸，专门给各生产工序在其工艺公差范围内使用，以避免裁切后的成品露白边或裁到内容。

在设计平面作品时，我们就分设计尺寸和成品尺寸。设计尺寸总是比成品尺寸大，大出来的边要在印刷后裁切掉，这个要印出来并裁切掉的部分就称为出血或出血位。

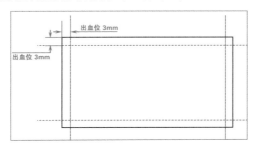

1.3.4　印刷的种类

依据不同的印版形式，我们可以把印刷分为凸版印刷、凹版印刷、平板印刷和孔版印刷4大类，下面分别进行介绍。

（1）凸版印刷

凸版的印文是反的，高于非印文。油墨附着在突起的印文上，与纸张接触时，油墨被印在纸上，如下图所示。

凸版印刷的优点是：墨色浓厚、文字清晰。常用于印刷教材、杂志、小型广告页、包装盒、名片等。缺点是：不适合大版面印刷，彩色印刷成本高。

（2）凹版印刷

凹版的印文是反的，其平面低于非印文。油墨充满在凹陷的印文里，当与纸张接触时，油墨被印在纸上，如右图所示。

凹版印刷的优点是：墨色充实，表现力强，线条准确、流畅，颜色鲜艳，不易仿印，适用纸张范围广泛，甚至某些非纸张材料也适用。且印版牢固、耐久，适于大批量印刷，常用于证券、货币、邮票、凭证等印刷。缺点是：制版和印刷费用高，小批量印刷成本高。

（3）平版印刷

平版的印文与非印文处于同一平面，是反的，如右图所示。油墨附着在印文位置，非印文部分有水，不粘油墨，当与纸张接触时，油墨被印在纸上。

平版印刷的优点是：墨色柔和，制版工艺简单，成本低，适于大批量印刷。常用于海报、广告、报纸、挂历、包装等印刷。缺点是：色彩表现力稍差，不够鲜艳，只能达到最佳表现力的70%左右。

（4）孔版印刷

孔版的印文是镂空的。油墨透过镂空的印文，印在下面的纸张上。

孔版印刷的优点是：墨色浓厚，色彩鲜艳，表现力强。适合于任何材料的印刷，并可在曲面介质上印刷，适用于有特殊印刷要求的场合，比如玻璃、塑料等瓶状物，曲面金属板、布料、纸张等。缺点是：印刷速度慢，彩色表现难度较大，不适合大批量印刷。

1.4　位图与矢量图

计算机中的图像类型分为两种：位图和矢量图，下面将分别进行介绍。

1.4.1　位图图像

位图图像亦称为点阵图像或栅格图像，是由像素（图片元素）的单个点组成的。这些点可以进行不同的排列和染色以构成图样。当放大位图时，可以看见构成整个图像的无数单个方块。扩大位图尺寸的效果是增大单个像素，从而使线条和形状显得参差不齐。然而，如果从稍远的位置观看它，位图图像的颜色和形状又显得是连续的。常用的位图处理软件有Photoshop和Windows系统自带的画图程序等。

位图是由像素点组合而成的图像，一个点就是一个像素，每个点都有自己的颜色。

位图和分辨率有着直接的联系，分辨率大的位图清晰度高，其放大倍数也相应增加。当位图的放大倍数超过其最佳分辨率时，就会出现细节丢失，并产生锯齿状边缘的情况，如下图所示。

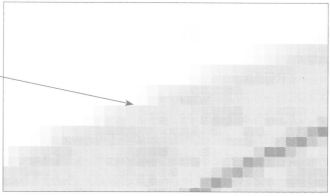

1.4.2　矢量图像

矢量图也称为面向对象的图像或绘图图像，在数学上定义为一系列由点连接的线。矢量文件中的图形元素称为对象。每个对象都是一个自成一体的实体，它具有颜色、形状、轮廓、大小和屏幕位置等属性。

矢量图是根据几何特性来绘制的图形，可以是一个点或一条线。矢量图只能靠软件生成，文件占用计算机的内在空间较小。因为这种类型的图像文件包含独立的分离图像，可以自由无限制地重新组合。矢量图像的特点是放大后图像不会失真，和分辨率无关，适用于图形设计、文字设计、标志设计、版式设计等领域。

矢量图是以数学向量方式记录图像的，其内容以线条和色块为主。矢量图和分辨率无关，可以任意地放大且清晰度不变，也不会出现锯齿状边缘，如下图所示。

这里需要注意的是矢量图无法通过扫描获得，主要依靠设计软件生成。常见的制作矢量图的软件有：FreeHand、Illustrator、CorelDRAW和AutoCAD等。

1.5　像素与分辨率

在平面设计中，经常需要对图像进行修饰、合成或校色等处理，而图像的尺寸和清晰程度则是由图像的像素和分辨率来控制。

1.5.1　像素

像素是指由图像的小方格，即所谓的像素（pixel）组成的，这些小方格都有一个明确的位置和被分配的色彩数值。而这些小方格的颜色和位置，决定该图像呈现出来的样子。

我们可以将像素视为整个图像中不可分割的单位或元素，不可分割的意思是它不能够再切割成更小单位或元素，它是以一个单一颜色的小格存在。每一个点阵图像包含了一定量的像素，这些像素决定图像在屏幕上的大小，如右图所示。

1.5.2　分辨率

分辨率可以从显示分辨率与图像分辨率两个方向来分类。

显示分辨率（屏幕分辨率）是指显示器所能显示的像素有多少。由于屏幕上的点、线和面都是由像素组成的，显示器可显示的像素越多，画面就越精细，同样的屏幕区域内能显示的信息也越多。

我们可以把整个图像想象成一个大型的棋盘，而分辨率的数值就是所有经线和纬线交叉点的数目。显示分辨率在一定情况下，显示屏越小，图像越清晰。反之，当显示屏大小固定时，显示分辨率越高，图像就越清晰。

图像分辨率则是单位英寸中所包含的像素点数，其定义更趋近于分辨率本身的定义。下图是模拟显示屏分辨率的展示。

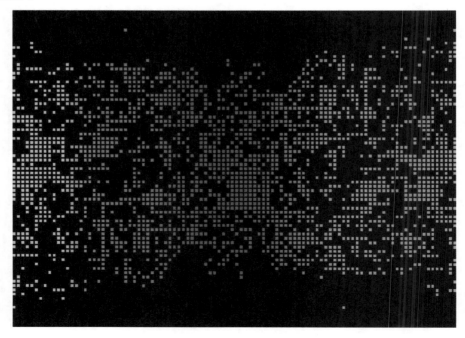

1.6 常用的平面设计软件

目前在平面设计工作中，经常使用的主流软件有Photoshop、Illustator、CorelDRAW和InDesign等。这些设计软件各有鲜明的功能特色，Photoshop是强大的图像处理软件；Illustrator是专业矢量绘图工具软件；InDesign是专业的排版软件；CorelDRAW是集矢量绘图、印刷排版、文字编辑于一体的平面设计软件。

设计师如果想根据创意制作出完美的平面设计作品，需要熟练使用平面设计软件，并很好地利用不同软件的优势，将其巧妙地结合使用。

1.6.1 Photoshop

Photoshop是Adobe公司旗下出品的最为出名的图像处理软件之一，是集图像扫描、图像制作、编辑修改、图像输入、色彩调整等多种功能于一体的图形图像处理软件，深受广大平面设计人员和计算机美术专业工作者的热爱。

Photoshop自问世以来，其版本不断更新升级，功能逐渐完善，已经成为世界上最畅销的图像处理软件之一。本书是基于Photoshop 2022版本介绍该软件的应用，启动界面如下图所示。

Photoshop的主要功能包括绘制和编辑选区、修饰图像、调整图像的色彩和色调、图层蒙版的应用、滤镜和动作的应用等。使用这些功能，可以制作精美的平面广告和炫酷的图像效果。

1.6.2 Illustrator

Illustrator是Adobe公司研发的一款基于矢量图形制作的软件，广泛应用于印刷出版、海报书籍排版、专业插画、多媒体图像处理和互联网页面的制作等方面。Adobe Illustrator是全球最著名的矢量图形软件之一，其强大的功能和友好的用户界面深受设计师青睐。本书是基于Illustrator 2022版本介绍该软件的应用，启动界面如下页上所示。

Illustrator的主要功能包括图形的绘制和编辑、路径的绘制和编辑、图像图形的组织、颜色与描边的编辑、图表的编辑、文本的编辑、图层和蒙版的使用、样式外观与效果的使用等。

1.6.3　CorelDRAW

CorelDRAW是加拿大Corel公司开发的集矢量图形设计、印刷排版、文字编辑处理和图形输出于一体的平面设计软件。CorelDRAW的启动界面如下图所示。

CorelDRAW的主要功能包括绘制和编辑图形、绘制和编辑曲线、编辑轮廓线与填充颜色、排列和组合对象、编辑文本等。这些功能可以全面地辅助用户进行平面作品的创意设计与制作。

1.6.4　InDesign

InDesign是Adobe公司推出的一款桌面出版应用程序，主要用于各种印刷品的排版编辑，已经成为图文排版领域最流行的软件之一。它功能强大，能够使用户通过内置的创意工具和精确的排版控制为数字出版物设计出极具吸引力的页面版式。本书是基于InDesign 2022版本介绍该软件的应用，启动界面如下页图所示。

InDesign的主要功能包括绘制和编辑图形图像、路径的绘制与编辑、编辑描边与填充、版式编排、页面编排等。这些功能可以全面地辅助用户对平面作品进行创意设计与排版制作。

知识延伸：颜色模式

颜色模式是将某种颜色表现为数字形式的模型，是一种记录图像颜色的方式，一般分为RGB颜色模式、CMYK颜色模式、灰度模式和Lab模式等。每种颜色模式都有不同的色域，并且各个模式之间可以相互转换。

（1）RGB颜色模式

RGB颜色模式是一种能够表达"真色彩"的模式。红、绿、蓝是光的三原色，绝大多数可视光谱可用红绿蓝（RGB）三色光的不同比例和强度混合来产生。在这3种颜色的重叠处产生青色、洋红、黄色和白色。由于RGB颜色合成可以产生白色，所以也称为加色模式。RGB颜色模式是用于屏幕显示的颜色模式，其真实而艳丽的色彩并不一定适用于输出显示。

（2）CMYK颜色模式

CMYK颜色模式是基于图像输出处理的模式，以打印在纸上的油墨的光线吸收特性为基础。CMYK颜色模式理论上由纯青色（C）、洋红（M）和黄色（Y）色素合成，吸收所有的颜色并生成黑色，因此该模式也称为减色模式。但由于油墨中含有一定的杂质，所以最终形成的不是纯黑色，而是土灰色。为了得到真正的黑色，必须加入黑色（K）油墨，将这些油墨混合重现颜色的过程称为四色印刷。

（3）灰度模式

灰度图被称为8bit深度图，每个像素用8个二进制数表示，能产生2的8次方，即256级灰色调。当一个彩色图像文件转换为灰度模式的文件时，需扔掉图像中所有颜色信息。尽管Photoshop软件可将一个灰度文件转换为彩色模式文件，但是不可能将原来的色彩丝毫不变地恢复回来。所以，将彩色图像转换为灰度模式时，应做好图像原件的保存。

（4）Lab模式

Lab模式是Photoshop中的一种国际颜色标准模式，由3个通道组成。L表示透明通道。a和b表示颜色通道，分别为色相和饱和度。a通道包括颜色值从深绿到灰，再到亮粉红色；b通道从亮蓝色到灰，再到焦黄色。Lab模式在理论上包括人眼可见的所有色彩，它弥补了CMYK模式和RGB模式的不足。

上机实训：制作浪漫风格的卡片

本章主要介绍平面设计相关的基础知识，并没有涉及平面软件的具体操作。下面我们将介绍如何使用Photoshop软件将蓝色图片制作成粉红色效果，初步了解平面设计软件的应用。

扫码看视频

步骤 01 打开Photoshop软件，在菜单栏中选择"文件>打开"命令，打开"打开"对话框。选择准备好的"蓝色素材.jpg"图像文件，单击"打开"按钮，如下左图所示。

步骤 02 在Photoshop中打开图像文件，并创建"背景"图层，按Ctrl+J组合键复制"背景"图层，得到"图层1"，如下右图所示。

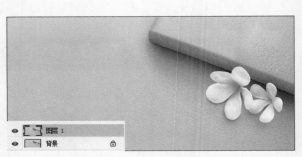

步骤 03 选择"图层1"图层，在菜单栏中选择"图像>调整>匹配颜色"命令，打开"匹配颜色"对话框。设置"明亮度"为"116"、"颜色强度"为"26"，勾选"中和"复选框，如下左图所示。

步骤 04 单击"确定"按钮，可见蓝色素材图片的颜色发生了变化，效果如下右图所示。

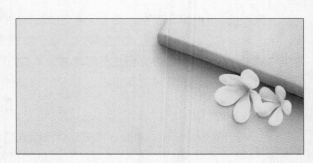

步骤 05 保持"图层1"为选中状态，执行"图像>调整>通道混和器"命令，打开"通道混合器"对话框，设置"红色"为"+70%"、"绿色"为"+85%"、"蓝色"为"+70%"、"常数"为"+60%"，如下左图所示。

步骤 06 通过调整相关参数改变图像素材的颜色，单击"确定"按钮，可见素材图片的颜色变为粉红色，如下右图所示。

 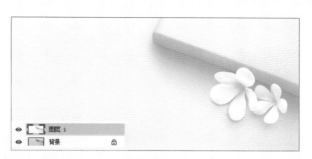

步骤 07 在Photoshop左侧的工具箱中选择横排文字工具，在画面的左侧输入"做一个浪漫的人"文本，同时在"图层"面板中建立文本图层。执行"窗口>字符"命令，在打开的"字符"面板中设置字体格式和颜色，如下左图所示。

步骤 08 根据相同的方法，输入其他文本，并在"字符"面板中设置字体格式和颜色。在设置字体颜色时以紫色和粉红色为主，如下右图所示。

步骤 09 在调整文本的位置时，可以利用Photoshop中自带的智能参考线设置文本对齐。当我们拖拽文本进行对齐时，会在页面中出现洋红色的智能参考线，显示文本的对齐方式，如下左图所示。

步骤 10 我们还可以将同类型的图层进行成组，例如选中3个文本的图层，按Ctrl+G组合键即可成组，如下右图所示。到此，就完成粉红色卡片的制作了。

 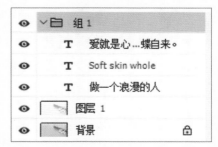

课后练习

一、选择题

（1）以下不属于获取素材工具的是（　　）。

A. 数码照相机　　　　　　　　　　B. U盘

C. 扫描仪　　　　　　　　　　　　D. 读卡器

（2）形状关系主要是指设计要素的（　　）、宽窄、方圆、曲直等形态差异。

A. 大小　　　　　　　　　　　　　B. 方圆

C. 长短　　　　　　　　　　　　　D. 以上都是

（3）C、M、Y、K代表印刷上用的4种颜色。C代表青色，M代表品红色（也称为洋红色），Y代表黄色，K代表（　　）。

A. 绿色　　　　　　　　　　　　　B. 蓝色

C. 黑色　　　　　　　　　　　　　D. 白色

（4）Lab模式是Photoshop中的一种国际颜色标准模式，由3个通道组成，其中L表示（　　）。

A. 透明通道　　　　　　　　　　　B. 色相通道

C. 对比度通道　　　　　　　　　　D. 饱和度通道

二、填空题

（1）位图是由＿＿＿＿＿＿组合而成的图像，一个点就是一个像素，每个点都有自己的颜色。

（2）＿＿＿＿＿＿是Adobe公司旗下最为出名的图像处理软件之一，是集图像扫描、图像制作、编辑修改、图像输入、色彩调整等多种功能于一体的图形图像处理软件。

三、上机题

打开Photoshop软件后，打开"热气球.jpg"图像素材，如下左图所示。使用污点修复画笔工具将多余的热气球清除，如下中图所示。最后添加文本内容，并调整图片的亮度和对比度，最终效果如下右图所示。

第2章　应用Photoshop进行图像处理

本章概述

　　Photoshop是一款深受设计师欢迎的数码影像编辑软件，也是设计人员必须掌握的软件之一。本章将介绍Photoshop软件图像处理相关功能的应用，包括图像调整、图层应用、滤镜应用以及蒙版应用等。

核心知识点

❶ 了解Photoshop工作界面
❷ 掌握图层的应用
❸ 掌握图像的调整
❹ 掌握滤镜的应用

2.1　Photoshop的工作界面

　　Photoshop的工作界面典雅实用，随着版本的更新，更加人性化，各组件的分布更加合理，为用户提供了流畅和高效的设计体验。

　　本书基于Photoshop 2022版本编写，下图为Photoshop 2022的工作界面。Photoshop默认为黑色的界面，用户可以在菜单栏中选择"编辑>首选项>界面"命令，打开"首选项"对话框。在"界面"选项区域的"外观"中提供了4种"颜色方案"，用户可根据需要进行选择，此处选择最浅的颜色方案，单击"确定"按钮完成界面颜色的设置。

　　菜单栏：包含可以执行图像处理的各种命令，单击菜单名即可打开相应的菜单。

　　标题栏：显示文档名称、文件格式、窗口比例和颜色模式等信息。如果文档包含多个图层，标题栏显示当前图层的名称。

　　工具箱：包含Photoshop所有的工具，比如移动工具、绘图工具、渐变工具、文字工具等。

　　工具选项栏：用于设置在工具箱中选择工具的各种选项，其中的功能随着选择工具的不同而变化。

　　面板：包含多个面板，比如"图层"面板、"通道"面板和"样式"面板等。

　　状态栏：显示文档大小、尺寸和窗口缩放比例等信息。

　　文档窗口：是用于显示和编辑正在处理的图像文件的区域。

2.2 图层

Photoshop的图层几乎承载了图像所有的编辑操作，将各种设计元素或图像信息置于图层上，设计师可以随心所欲地对图像进行编辑和修饰。

2.2.1 "图层"面板

"图层"面板用于创建、编辑和管理图层，包括设置图层的类型、设置图层的不透明度、设置图层的混合模式以及设置图层的样式等。

2.2.2 图层样式

图层样式也叫图层效果，应用图层样式可以快速更改图层内容的外观，制作出各种各样的效果，例如水晶、金属、玻璃等。当移动或编辑图层的内容时，图层样式也会产生相应的变化来匹配内容的变化，而且修改、隐藏或删除图层样式非常方便，具有很强的灵活性。

打开"图层样式"对话框的方法主要有3种。第1种方法：选择图层，在菜单栏中选择"图层>图层样式"命令，在子菜单中选择对应的图层样式命令；第2种方法：单击"图层"面板中"图层样式"按钮 *fx*，在菜单栏中选择一个样式选项；第3种方法：在"图层"面板中双击需要添加图层样式的图层。"图层样式"对话框，如下图所示。

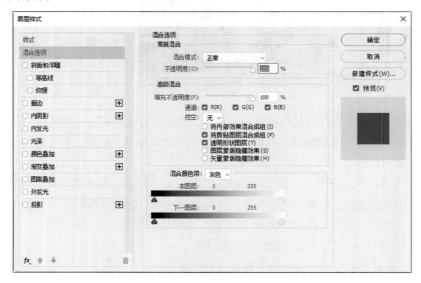

在对话框中可以设置10余种图层样式，分别为斜面和浮雕、描边、内阴影、内发光、光泽、颜色叠加、渐变叠加、图案叠加、外发光和投影等。当选择不同的图层样式时，在右侧面板中显示该样式的功能参数，设置后单击"确定"按钮，即可为选中的图层添加样式。

下面以"描边"图层样式为例，介绍具体的应用方法。

"描边"图层样式的作用是使用颜色、渐变或图案在当前图层上描画对象的轮廓，这一功能对于硬边形状特别有用。在此图层样式选项面板中包含两个选项组，即"结构"和"填充类型"选项组。用户可以通过设置"描边"面板中的选项来调整描边图像的大小、位置和类型效果等。

打开素材图片，如下左图所示。双击需要添加描边的图层，打开"图层样式"对话框后，选择"描边"选项，在中间"描边"选项区域中设置"大小"为"16像素"、"位置"为"外部"、"填充类型"为"颜色"，如下中图所示。单击"确定"按钮完成设置，效果如下右图所示。

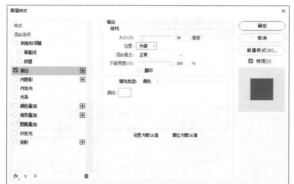

实战练习 制作雕刻文字效果

本例通过应用"斜面和浮雕"和"内阴影"图层样式，制作出在木板上雕刻文字的效果，下面介绍具体操作方法。

步骤 01 在Photoshop中打开"背景图片.jpg"图像文件，在工具箱中选择横排文字工具，然后输入"音乐只对安宁的心境具有魅力"文本。打开"字符"面板，设置文本的字体、字间距和行间距，为了使文字效果更明显，暂时设置字体颜色为黑色，如下左图所示。

步骤 02 双击文字图层，打开"图层样式"对话框，在"斜面和浮雕"选项区域中设置"样式"为"枕状浮雕"、"方法"为"雕刻柔和"、"深度"为"84%"、"大小"为"13像素"，如下右图所示。

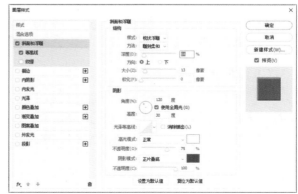

步骤 03 此时文字出现了雕刻的效果，由于字体颜色是黑色，效果不是很明显，如下左图所示。

步骤 04 在"图层样式"对话框中切换至"内阴影"选项面板，设置"混合模式"为"正片叠底"、颜色为橙色（可以从木板中吸取颜色）、"不透明度"为"69%"，单击"确定"按钮，如下右图所示。

 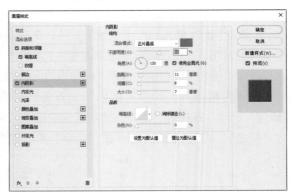

步骤 05 再次打开"字符"面板，设置字体颜色和木板颜色相近，即可完成雕刻文字效果的制作，如下图所示。

2.2.3 图层的操作

本节介绍的图层操作都是非破坏性的功能，也就是一种不会破坏图像的编辑方法。非破坏性编辑也是当今图像处理领域的重要发展方向。下面主要介绍图层的不透明度、填充、混合模式等设置的相关操作。

（1）不透明度和填充

在"图层"面板中有两个控制图层不透明度的选项："不透明度"和"填充"。"不透明度"用于控制图层、图层组中绘制的像素和形状的不透明度。如果图层应用样式，则图层样式的不透明度也会受到该值的影响。"填充"只影响图层中绘制的像素和形状，不影响图层样式。

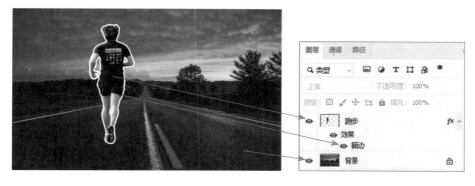

在上图中，背景图片和跑步的人是两个图层，并为跑步图层添加白色的描边效果，此时"不透明度"和"填充"均为"100%"。

下左图将"图层"面板中的"不透明度"设置为"50%"时，可见该图层的人物和白色描边均受到影响。下右图仅将"填充"设置为"50%"，可见图层的人物受到影响，白色的描边不受影响。

（2）混合模式

混合模式是Photoshop的核心功能之一，它决定了像素的混合方式。在"图层"面板中选择一个图层，单击面板上方混合模式右侧的下拉按钮，在列表中选择混合模式选项，如右图所示。

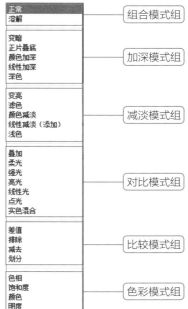

- **组合模式组**：该组混合模式需要降低图层的不透明度才能产生作用，包括"正常"和"溶解"两种模式。
- **加深模式组**：该组混合模式可以使图像变暗，当前图层中的白色将被底层较暗像素替代。
- **减淡模式组**：与加深模式组中效果相反，该组混合模式可以使图像变亮。图像中的黑色会被较亮的像素替换，而且任何比黑色亮的像素都可以加亮底层图像。
- **对比模式组**：该组混合模式可以增加图像之间的反差，以50%灰色为分界线。亮度值高于50%灰色的像素都可能使底层的图像变亮，50%的灰色会完全消失，低于50%灰色的像素则可能使底层图像变暗。
- **比较模式组**：该组混合模式可以比较当前图像与底层图像，将相同区域显示为黑色，不同区域显示为灰度层次或彩色。若当前图层中包含白色，白色区域会使底层图像反相，而黑色不会对底层图像产生影响。
- **色彩模式组**：该组混合模式可以通过比较图像中的色相、饱和度和明度来进行混合。

实战练习 制作怀旧破碎风格的照片

　　学习了混合模式的相关知识后，下面我们通过制作怀旧破碎风格的照片，来进一步巩固图层混合模式功能的应用。本实战练习还应用到"黑白""剪贴蒙版"和"曲线"等相关功能，具体操作方法如下。

　　步骤 01 在Photoshop中打开随书附赠的"美女.jpg"图像素材，选中"背景"图层，按Ctrl+J组合键复制图层，得到"图层1"图层，如下左图所示。

　　步骤 02 单击"图层"面板中的"创建新的填充或调整图层"下三角按钮，在列表中选择"黑白"选项。在打开的"属性"面板中调整各项参数的数值，如下右图所示。

　　步骤 03 再打开素材文件"材质.jpg"，并拖拽至当前图像文件中，适当调整其大小和位置，如下左图所示。

　　步骤 04 在"图层"面板中设置"材质"图层的混合模式为"线性加深"，设置"不透明度"为"50%"，如下中图所示。

　　步骤 05 此时照片上出现旧斑点，表现出老照片被腐蚀的效果，如下右图所示。

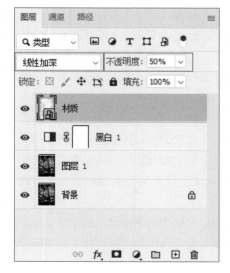

步骤 06 再次单击"创建新的填充或调整图层"下三角按钮，在列表中选择"渐变映射"选项，在打开的"属性"面板中单击渐变编辑条，如下左图所示。

步骤 07 打开"渐变编辑器"对话框，设置深黄色的渐变映射，如下中图所示。

步骤 08 然后设置图层的混合模式为"正片叠底"，设置"不透明度"为"50%"，此时照片为黄色发暗的效果，如下右图所示。

步骤 09 打开素材文件"裂纹.png"，拖拽到图像文件中并调整大小和位置，然后设置图层"不透明度"为"40%"，效果如下左图所示。

步骤 10 新建空白图层，设置前景色为灰色，然后按Alt+Delete组合键填充空白图层。最后为该图层创建剪贴蒙版，可以通过"曲线"提亮照片，如下右图所示。

2.3 图像的调整

　　彩色图像不仅可以真实地记录图像的内容，还能够带给人们不同的心理感受，营造出各种氛围。Photoshop是色彩处理"大师"，它提供了20多种工具，可以对色彩的组成要素进行精确地调整。

2.3.1 "调整"命令

　　Photoshop的"图像>调整"子菜单中的命令包含用于调整图像色调和颜色的各种命令，如下左图所示。用户也可以通过单击"调整"面板的对应按钮，来应用图像调整命令，如下右图所示。

　　"亮度/对比度"命令可以调整图像的色调范围。下面以"亮度/对比度"命令为例，介绍如何对图像进行调整。在Photoshop中打开"飘散的三明治.jpg"图像文件，按Ctrl+J组合键复制"背景"图层，得到"图层1"图层，如下左图所示。选中"图层1"图层，在菜单栏中选择"图像>调整>亮度/对比度"命令，打开"亮度/对比度"对话框，设置相关参数后，可以看到图像的亮度提高了，如下右图所示。

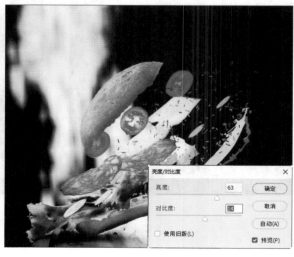

我们还可以在"调整"面板中单击"亮度/对比度"按钮；或者单击"图层"面板下方"创建新的填充或调整图层"下三角形按钮，在列表中选择"亮度/对比度"选项。执行以上任一操作，都可以打开"亮度/对比度"属性面板，同时创建"亮度/对比度1"图层，调整"亮度"和"对比度"参数即可，如下图所示。

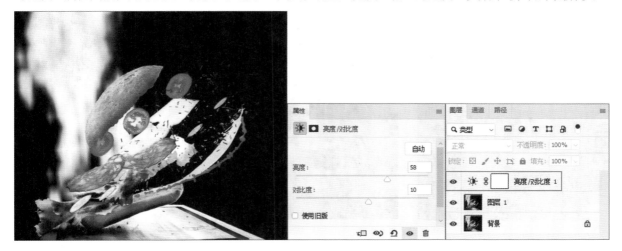

通过"调整"面板和"图层"面板调整图像时，原图像的像素不会被破坏，即通过图层的方式来非破坏性地编辑图像。

2.3.2 曲线和色阶

"亮度/对比度"命令在调整图像时没有"色阶"和"曲线"功能的可控性强，调整时可能会丢失图像细节。对于高端的输出，最好使用"色阶"或"曲线"功能来进行图像调整。下面我们详细介绍"色阶"和"曲线"功能的相关应用。

（1）"曲线"对话框

"曲线"命令是通过调整曲线的斜率和形状来实现对图像色彩、亮度和对比度的调整，该命令还可以精确地控制多个色调区域的明暗度和色调。

打开一张图片，在菜单栏中执行"图像>调整>曲线"命令，或者按Ctrl+M组合键，打开"曲线"对话框，如下图所示。我们可以在曲线上单击添加控制点，拖拽控制点改变曲线的形状，以调整图像的色调和颜色。

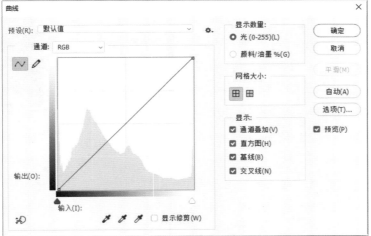

"曲线"对话框中各主要选项的含义如下。

- **预设：**包含Photoshop提供的各种用于调整图像的预设选项。下左图为原始图像，下中图为应用"彩色负片"预设的效果，下右图为应用"反冲"预设的效果。

- **通道：**在下拉列表中可以选择要调整的颜色通道，然后通过调整曲线的形状来改变图像的颜色。我们将在" 实战练习 凸显照片中的细节"实例中介绍该功能的具体应用。
- **编辑点以修改曲线 ～：**该按钮默认为按下状态，此时在曲线上单击可添加新的控制点。
- **通过绘制来修改曲线 ✎：**单击该按钮，光标变为铅笔形状后，可手动绘制曲线调整图像。

"曲线"对话框右上角的曲线用于调整高光，中间的曲线用于调整中间调，左下角的曲线用于调整阴影。下面介绍几种常见的曲线形状。

在Photoshop中打开图片，如右上图所示。然后打开"曲线"对话框，保持对话框中其他参数不变，在曲线的中间添加控制点，并向上拖拽，图像会变亮，如右下图所示。

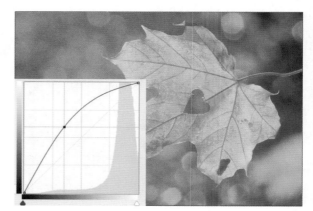

　　将曲线向下拖时，Photoshop会将调整的色调映射为更深的色调，图像也会变暗，如下左图所示。将曲线调整为"S"形状，此时图像的高光区域变亮、阴影部分变暗，从而增强色调的对比度，如下右图所示。

　　将曲线的形状调整为倒"S"形状时，图像的对比度减弱，如下左图所示。

　　向上移动底部的控制点，可以把黑色映射为灰色，阴影区域变亮，如下右图所示。同理，将曲线顶部控制点下移，可以将白色映射为灰色，调光区域会变暗。

　　将曲线顶部和底部的控制点同时向中间移动，可以增加色调反差，但会压缩中间调，因此中间调会丢失细节，如下左图所示。

　　向上移动底部的控制点，可以把黑色映射为灰色，阴影区域变亮，如下右图所示。同理，将曲线顶部控制点下移，可以将白色映射为灰色，调光区域会变暗。

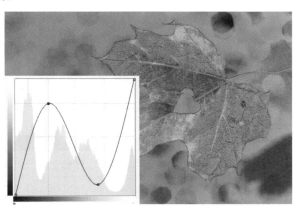

（2）"色阶"对话框

"色阶"命令可以调整图像的阴影、中间调和高光的强弱级别，校正图像的色调范围和色彩平衡。

在Photoshop中打开一张图像，如下左图所示。执行"图像>调整>色阶"命令，或者按Ctrl+L组合键，打开"色阶"对话框，如下右图所示。

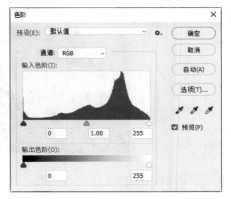

下面介绍"色阶"对话框中各主要参数的含义。

● **预设**：下拉列表中包括Photoshop的各种预设，用于调整图像。下左图为应用"较暗"预设的效果，下右图为应用"较亮"预设的效果。

● **通道**：在下拉列表中可以选择一个颜色通道进行调整。下左图是设置"通道"为"红"，向左滑动中间滑块的图像效果；下右图设置"通道"为"绿"的图像效果。

　　曲线上有两个预设的控制点，其中"阴影"可以调整照片中阴影区域，相当于色阶中的阴影滑块。曲线上的"高光"可以调整照片的高光区域，相当于色阶中间调滑块。在曲线中间添加控制点调整照片的中间调，相当于色阶的中间滑块，如下图所示。

　　曲线上可以添加10多个控制点，而色阶只有3个滑块，所以曲线对图像色调的控制更加精确。

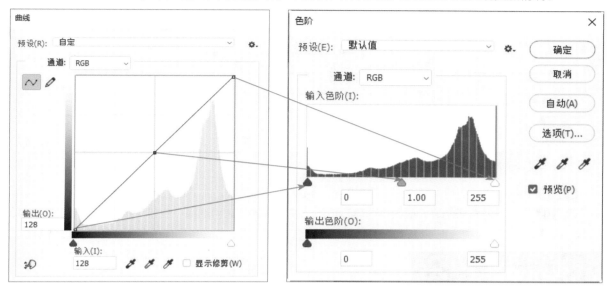

实战练习 凸显照片中的细节

　　本案例将运用"自然饱和度""曲线""色彩平衡"和"色相/饱和度"等命令为画面添色。然后运用"锐化"滤镜，锐化景物的细节。最后使用减淡工具，适当显示阴影部分的色彩。

　　步骤 01 在Photoshop中打开"看日初.jpg"图像素材，并按Ctrl+J组合键复制"背景"图层，得到"图层1"图层，如下左图所示。

　　步骤 02 单击"创建新的填充或调整图层"按钮，在打开的列表中选择"自然饱和度"选项，得到"自然饱和度1"图层。再设置"属性"面板中的参数，如下右图所示。

步骤 03 单击"创建新的填充或调整图层"按钮，在打开的列表中选择"色彩平衡"选项，得到"色彩平衡1"图层。在"属性"面板中，分别设置"色调"的"阴影""中间调"和"高光"选项的参数，如下左图、下中图和下右图所示。

步骤 04 调整色彩平衡后，照片细节会很明显，特别是阴影部分，如下左图所示。

步骤 05 单击"创建新的填充或调整图层"按钮，在打开的列表中选择"曲线"选项，得到"曲线1"图层。在"属性"面板中分别设置"红""绿"和"蓝"曲线，进一步设置图像的色彩，如下右图所示。

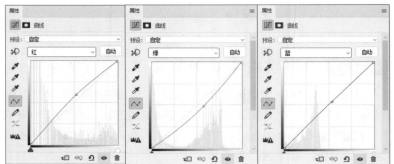

步骤 06 调整曲线后，照片的颜色更加鲜艳，如下左图所示。

步骤 07 按Ctrl+Shift+Alt+E组合键盖印可见图层。选择工具栏中的减淡工具，在属性栏中设置"范围"为"阴影"，调整其大小，然后在照片下半部分以及人物部分涂抹，减淡阴影部分，如下右图所示。

步骤 08 使用快速选择工具，选择画面中除天空之外的部分。执行"滤镜>锐化>USM锐化"命令，在打开的对话框中保持"半径"为"1像素"，设置"数量"为"80%"，单击"确定"按钮，如下左图所示。

步骤 09 对照片进行锐化后，选区内的图像比之前清晰了，如下右图所示。如果图像的某部分需要深度锐化，可以连续按Ctrl+F组合键重复上一步的锐化操作。

步骤 10 单击"创建新的填充或调整图层"按钮，选择"色相/饱和度"选项，在打开的"属性"面板中进行参数调整，如下左图所示。

步骤 11 调整完成后，可以看出照片的细节更鲜明，包括人物服装、地面、阳光以及天空云朵等，最终效果如下右图所示。

2.3.3 图像的修饰与编辑

在使用Photoshop处理图像时，经常需要对图像整体或局部缺陷和影响设计的部分进行修补、润色，从而使图像更加精细、流畅。本节主要介绍图像修复、擦除和修饰的相关操作。

（1）修复图像

对图像进行后期处理时，用户经常需要对一些瑕疵进行修复处理。Photoshop提供大量的专业图像修复工具，例如修复画笔工笔和修补工具等。

● 修复画笔工具

修复画笔工具可以利用图像或图案中的样本像素来绘画。按Alt键的同时选择图像区域作为目标区域，先选择样板，然后在需要修复的区域进行单击或滑动。

在工具箱中选择修复画笔工具后，在工具选项栏中显示相关参数，如下图所示。

下面介绍修复画笔工具选项栏中各主要参数的含义。

- **画笔**：用于设置画笔的大小、硬度、间距和角度等。
- **模式**：用于设置修复画笔图像的混合模式，单击下三角按钮，在列表中选择相应选项即可。
- **源**：用于设置修复像素的来源。单击"取样"按钮，可以直接从图像中取样。单击"图案"按钮，在图案下拉面板中选择图案作为取样来源。下左图为原始图像，下右图为"取样"的效果。

- 修补工具

修补工具是使用图像中其他区域或图案中的像素来修复选中的区域。在工具箱中选择修补工具，工具选项栏如下图所示。

使用修补工具时，可以先使用选区工具选择目标位置，来创建规则的选项，也可以使用修复工具手动绘制选区。在Photoshop中打开图像，如下左图所示。使用矩形选项工具沿着猫的四周绘制矩形选区，然后选中修补工具，单击工具选项栏中"目标"按钮，将选项向左移动。接着右击选项，选择"自由变换"命令，再次右击，选择"水平翻转"命令，取消选项。最后使用修复画笔工具修复瑕疵部分，效果如下右图所示。

除了上述介绍的两种修复图像工具外，Photoshop中还有污点修复画笔工具、内容感知移动工具、红眼工具、仿制图章工具和图案图章工具等，用户可以自行操作，查看效果。

Apply Photoshop进行图像处理 第2章

（2）擦除图像

使用Photoshop擦除工具组中的工具，可以快速擦除图像中的多余部分。

● 橡皮擦工具

橡皮擦工具可擦除图像上的颜色。使用橡皮擦工具在图像上涂抹，则擦除位置显示下个图层或背景色。

下面介绍如何使用橡皮擦工具为图片更换天空效果。首先将两张图片拖入Photoshop中，将"天空"图层移到最下方，如下左图所示。然后使用橡皮擦工具擦除"图层0"的天空部分，即可显示下一图层的天空效果，如下右图所示。

● 背景橡皮擦工具

背景橡皮擦工具用于擦除图层上指定颜色的像素，被擦除的区域以透明色填充。

● 魔术橡皮擦工具

魔术橡皮擦工具可以更改相似像素，以单击取样的颜色为基准，擦除图像中的相似像素，使擦除部分的图像呈现透明效果。

（3）修饰图像

使用Photoshop可以对图像进行修饰、润色以及变换等调整。其中，对图像细节修饰的工具包括模糊工具、锐化工具、减淡工具、加深工具、海绵工具和涂抹工具等。

● 模糊工具和锐化工具

使用模糊工具可以降低图像中相邻像素之间的对比度，使图像中像素与像素之间的边界区域变得柔和，产生一种模糊效果，起到凸显图像主体部分的作用。

使用锐化工具可以增加图像中像素边缘的对比度和相邻像素间的反差，从而提高图像的清晰度或聚焦程度，使图像产生清晰的效果。

打开"荷花.jpg"素材，如下左图所示。选择工具箱中的模糊工具，设置画笔大小、硬度和强度等参数后，在背景处涂抹，突显荷花，效果如下右图所示。

● 减淡工具与加深工具

使用减淡工具可以提高图像中色彩的亮度，该工具主要根据照片特定区域曝光度的传统摄影计数原理使图像变亮。

加深工具与减淡工具的作用刚好相反，使用加深工具可以改变图像特定区域的阴影效果，从而使图像呈加深或变暗的效果。

下左图为原始图像，天空偏暗。选择减淡工具，在天空暗部涂抹，可见天空的蓝色变得鲜艳明亮，如下右图所示。

● 海绵工具

海绵工具可以添加或减少图像的饱和度，更好地调节图像的色彩。海绵工具的模式有两种，"去色"模式可以降低图像的色彩饱和度，"加色"模式可以增加图像色彩的饱和度。

下左图是原始图像的效果。下右图是设置"模式"为"加色"后，在人物嘴唇部分涂抹后的效果。

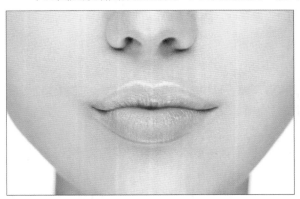 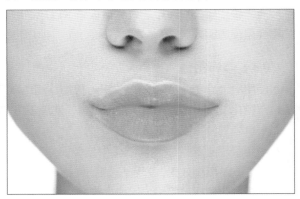

2.4 滤镜

滤镜，也称为增效工具，主要用来实现图像的各种特殊效果。Photoshop的滤镜功能十分强大，可以创建出各种各样的图像特效。使用滤镜可以对照片进行修饰和修复，为图像提供素描或印象派绘画外观的特殊艺术效果，还可以使用扭曲和镜头光晕，创建独特的变化效果。

2.4.1 滤镜库

Photoshop的滤镜库中提供了多种特殊效果滤镜的预览，在该对话框中可以应用多个滤镜，包含打开或关闭滤镜的效果、复位滤镜的选项，用户还可以更改应用滤镜的顺序。如果对设置的图像效果满意，单击"确定"按钮,即可将设置的效果应用到当前图像中。但是"滤镜库"中只包含"滤镜"菜单中的部分滤镜。

"滤镜库"对话框的左侧是预览区域,中间是6组可选择的滤镜,右侧是参数设置区域,如下图所示。在中间区域选择不同的滤镜时,在右侧显示对应的参数,在左侧可以预览设置参数后的效果。

2.4.2　风格化滤镜组

风格化滤镜组中的滤镜主要通过置换像素,查找和提高图像中的对比度,产生一种绘画或印象派的艺术效果。该滤镜组中包含"查找边缘""等高线""风""浮雕效果""扩散""拼贴""曝光过度""凸出"和"油画"等滤镜效果。

（1）查找边缘滤镜

查找边缘滤镜能查找图像中主色块颜色变化的区域,并对查找到的边缘轮廓描边,使图像看起来像用笔刷勾勒的轮廓。使用该滤镜,可显著地转换标识图像的区域,突出边缘。

在Photoshop中打开一张图片,如下左图所示。执行"滤镜>风格化>查找边缘"命令,效果如下右图所示。

（2）等高线滤镜

等高线滤镜通过查找图像的主要亮度区，为每个颜色通道勾勒主要亮度区域的轮廓，以便得到与等高线颜色类似的效果。

执行"滤镜>风格化>等高线"命令，打开"等高线"对话框，设置"色阶"为"142"，如下左图所示。图片显示边缘的轮廓，看起来像用笔勾勒的轮廓，效果如下右图所示。

（3）风滤镜

风滤镜可以对图像的边缘进行位移，从而模拟出风的动感效果。该滤镜是制作纹理或为文字添加阴影效果时常用的工具，在"风"对话框中用户可设置风吹效果样式以及风吹方向。

执行"滤镜>风格化>风"命令，打开"风"对话框，对其参数进行调整，如下左图所示，设置完成后查看效果，如下右图所示。

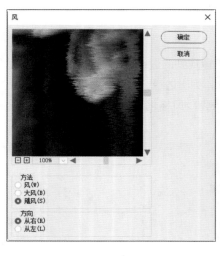

下面对"风"滤镜对话框中各主要参数的含义和应用进行介绍，具体如下。

● **方法**：可选择三种类型的风，包括"风""大风"和"飓风"。

● **方向**：可设置风源的方向，即从右向左吹或从左向右吹。

（4）浮雕效果滤镜

浮雕效果滤镜能通过勾画图像的轮廓和降低周围色值来产生灰色的浮凸效果。执行该滤镜命令后，图像会自动变为深灰色，表现一种凸出的视觉效果。

执行"滤镜>风格化>浮雕效果"命令，打开"浮雕效果"对话框，对其参数进行调整，如下左图所示。设置完成后单击"确定"按钮查看效果，如下右图所示。

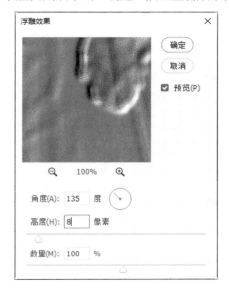
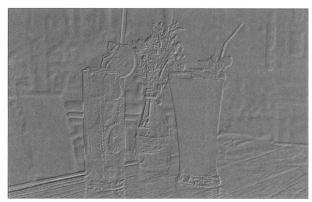

下面对"浮雕效果"对话框中各主要参数的含义和应用进行介绍，具体如下。

● **角度**：用来设置照射浮雕的光线角度，它会影响浮雕的凸出位置。

● **高度**：用来设置浮雕效果凸起的高度。

● **数量**：用来设置浮雕滤镜的作用范围，该值越高边界越清晰，值小于40%时，整个图像会变灰。

实战练习 制作动漫风格的照片

本案例将使用滤镜库中的"画笔描边"滤镜和"风格化"中的"等高线"滤镜为图像制作动漫效果，再使用"自然饱和度"和"亮度/对比度"功能调整图像的亮度和色彩。

步骤 01 在Photoshop中新建文档，并置入"岛中风景.jpg"图像素材，如下左图所示。右击"岛中风景"图层，在快捷菜单中选择"栅格化图层"命令。

步骤 02 选择"岛中风景"图层，单击"创建新的填充或调整图层"按钮，在列表中选择"自然饱和度"选项，在"属性"面板中设置自然饱和度参数，如下右图所示。

步骤 03 再添加"亮度/对比度1"图层，设置"亮度"为"75"、"对比度"为"32"，可见照片变得更清晰明亮，色彩也更鲜艳，如下左图所示。

步骤 04 按Ctrl+Shift+Alt+E组合键盖印图层，得到"图层1"图层。执行"滤镜>风格化>等高线"命令，在打开的对话框中设置各项参数，如下右图所示。

步骤 05 执行"滤镜>滤镜库"命令，在打开的对话框中展开"画笔描边"选项区域，选择"喷色描边"滤镜。在右侧面板中显示相关参数，设置"描边长度"为"4"、"喷色半径"为"3"。在对话框左侧可以查看放大或缩小设置后的效果，如下图所示。

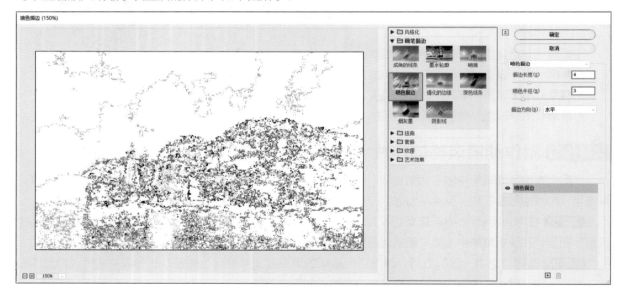

步骤 06 保持当前图层为选中状态，在"图层"面板中设置混合模式为"划分"、"不透明度"为"60%"，如右图所示。

步骤 07 为"图层1"图层添加图层蒙版，设置
前景色为黑色，使用画笔工具删除天空和水面多余
的线条，如右图所示。

步骤 08 单击"创建新的填充或调整图层"下三角按钮，在列表中分别选择"亮度/对比度"和"自然
饱和度"选项，并分别设置参数，如下左图和下右图所示。

步骤 09 适当提亮图片并添加色彩，即可完成
图片动漫效果的制作，如右图所示。

2.4.3　模糊滤镜组

模糊滤镜组中的滤镜多用于不同程度地减少图像相邻像素间颜色差异，使图像产生柔和、模糊的效
果。通过平衡图像中已定义的线条和遮蔽区域清晰边缘旁边的像素，柔化选区或整个图像。

模糊滤镜组中包含"表面模糊""动感模糊""方框模糊""高斯模糊""进一步模糊""径向模糊"
"镜头模糊""模糊""平均""特殊模糊"和"形状模糊"，共11种滤镜。下面对几种常用的模糊滤镜进行
介绍。

（1）动感模糊滤镜

动感模糊滤镜模仿拍摄运动物体的手法，通过使像素进行某一方向上的线性位移来产生运动模糊的效
果。动感模糊滤镜是把当前图像的像素向两侧拉伸，用户可以在"动感模糊"对话框中对模糊的角度以及

拉伸的距离进行调整。

在Photoshop中打开一张图片，如下左图所示。执行"滤镜>模糊>动感模糊"命令，打开"动感模糊"对话框，对其参数进行调整，如下右图所示。

 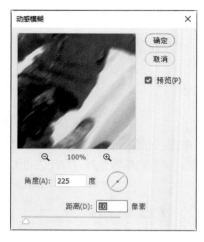

设置完成后的效果如下左图所示。

我们也可以通过选区工具选择需要设置动感模糊的区域，只为该区域设置模糊效果。例如选择图片背景的雪，设置动感模糊效果，如下右图所示。

下面对"动感模糊"对话框中主要参数的含义和应用进行介绍，具体如下。

● **角度**：用来设置模糊的方向。用户可输入角度数值，也可以拖动指针调整角度。

● **距离**：用来设置像素移动的距离。

（2）高斯模糊滤镜

高斯模糊滤镜可以根据设置的数值，快速地模糊图像。用户可以添加低频细节，使图像产生一种朦胧效果。

执行"滤镜>模糊>高斯模糊"命令，打开"高斯模糊"对话框，对其参数进行调整，如下页左上图所示。设置完成后查看效果，如下页右上图所示。

在"高斯模糊"对话框中设置"半径"值，可以对模糊的范围进行设置。"半径"值以像素为单位，数值越高，模糊效果越强烈。

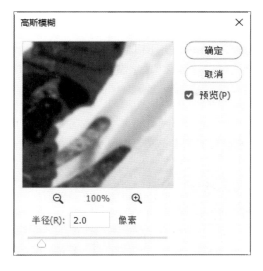 

（3）径向模糊滤镜

径向模糊滤镜可以产生具有辐射性的模糊效果，常用来模拟相机前后移动或旋转产生的模糊效果。

执行"滤镜>模糊>径向模糊"命令，打开"径向模糊"对话框，设置"数量"和"模糊方法"等参数，如下左图所示。设置完成后查看效果，如下右图所示。

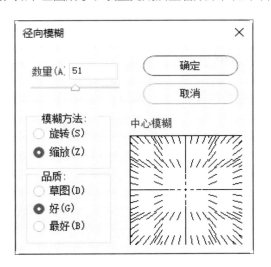 

下面对"径向模糊"对话框中主要参数的含义和应用进行介绍，具体如下。

● **数量：** 用来设置模糊的强度，该值越高，模糊效果越强烈。

● **模糊方法：** 选择"旋转"单选按钮时，图像会沿着同心圆环线产生旋转的模糊效果。选择"缩放"单选按钮，则会产生放射状模糊效果。

● **品质：** 用来设置应用模糊效果后图像的显示品质。选择"草图"单选按钮，处理的速度最快，但会产生颗粒状效果。选择"好"或"最好"单选按钮，可以产生较为平滑的效果。

● **中心模糊：** 在该设置框内单击，可以将单击点定义为模糊的原点。原点位置不同，模糊中心也不相同。

2.4.4 扭曲滤镜组

扭曲滤镜组中的滤镜主要用于对平面图像进行扭曲，使其产生旋转、挤压和水波等变形效果。

扭曲滤镜组包含"波浪""波纹""极坐标""挤压""切变""球面化""水波""旋转扭曲"和"置换"9种滤镜。在滤镜库中还包括"玻璃""海洋波纹"和"扩散亮光"3种滤镜。

（1）波浪滤镜

波浪滤镜可以通过设置波浪生成器的数量、波长、波浪高度和波浪类型等参数，为图像创建具有波浪的纹理效果。

在Photoshop中打一张图片，如下左图所示。执行"滤镜>扭曲>波浪"命令，打开"波浪"对话框，对其参数进行调整，如下中图所示。设置完成后查看效果，如下右图所示。

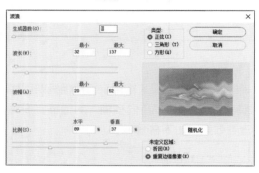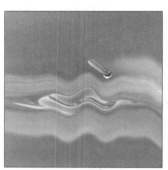

下面对"波浪"对话框中各参数的含义和应用进行介绍，具体如下。

● **生成器数**：用来设置产生波纹效果的震源总数。
● **波长**：用来设置相邻两个波峰的水平距离，分为最小波长和最大波长两部分，最小波长的值不能超过最大波长的值。
● **波幅**：用来设置最大和最小的波幅，其中最小的波幅不能超过最大的波幅。
● **比例**：用来控制水平和垂直方向的波动幅度。
● **类型**：用来设置波浪的形态，包括"正弦""三角形"和"方形"3种。
● **随机化**：单击该按钮，可随机改变前面设定的波浪效果。
● **未定义区域**：用来设置图像中出现的空白区域。选择"折回"单选按钮，可在空白区域填入溢出的内容。选择"重复边缘像素"单选按钮，可填入扭曲边缘的像素颜色。

（2）切变滤镜

切变滤镜可以按照用户设定的曲线来扭曲图像，使用起来比较灵活。打开"切变"对话框以后，在曲线上可以单击添加控制点，通过拖动控制点改变曲线的形状，即可扭曲图像。如果要删除某个控制点，将其拖至对话框外即可。

打开素材图片，如下页左上图所示。执行"滤镜>扭曲>切变"命令，打开"切变"对话框，对其参数进行调整，如下页中上图所示。设置完成后查看效果，如下页右上图所示。

下面对"切变"对话框中主要参数的含义和应用进行介绍,具体如下。

● **折回**:选择该单选按钮,可在空白区域填入溢出图像之外的图像内容。

● **重复边缘像素**:选择该单选按钮,可在空图像边界不完整的空白区域填入扭曲边缘的像素颜色。

2.4.5 锐化滤镜组

锐化滤镜组中的滤镜主要是通过增强图像相邻像素间的对比度,使图像轮廓分明、纹理清晰,从而减弱图像的模糊程度。

锐化滤镜组的效果与模糊滤镜组相反。该滤镜组提供了"USM锐化""防抖""锐化""进一步锐化""锐化边缘"和"智能锐化"6种滤镜。

(1) USM锐化滤镜

USM锐化滤镜可以调整图像边缘细节的对比度,从而达到使图像清晰的目的。

在Photoshop中打开素材图片,如下左图所示。执行"滤镜>锐化>USM锐化"命令,打开"USM锐化"对话框,对其参数进行调整,如下中图所示。设置完成后查看效果,如下右图所示。

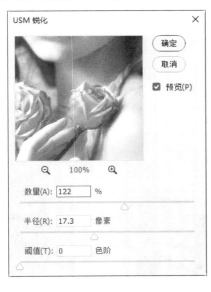

下面对"USM锐化"对话框中主要参数的含义和应用进行介绍，具体如下。

- **数量：** 用来设置锐化强度，该值越高，锐化效果越明显。
- **半径：** 用来设置锐化的范围。
- **阈值：** 只有图像相邻像素间的差值达到该值所设定的范围时才会被锐化。该值越高，被锐化的像素就越少。

（2）智能锐化滤镜

智能锐化滤镜可为图像设置锐化算法或控制在阴影和高光区域中的锐化量，从而更有利于边缘检测并减少锐化晕圈，是一种高级锐化方法。在"智能锐化"对话框中，"阴影"和"高光"选项区域，可以分别调和阴影和高光区域的锐化强度。

在Photoshop中打开素材图片，如下左图所示。执行"滤镜>锐化>智能锐化"命令，打开"智能锐化"对话框，对其参数进行调整，如下右图所示。

下面对"智能锐化"对话框中主要参数的含义和应用进行介绍，具体如下。

- **数量：** 用来设置锐化数量，较高的值可以增强边缘像素之间的对比度，使图像看起来更加锐利。
- **半径：** 用来确定受锐化影响的边缘像素数量，该值越高，受影响的边缘就越宽，锐化的效果也就越明显。
- **减少杂色：** 用来控制图像的杂色量，该值越高，画面效果越平滑，杂色越少。
- **移去：** 在该选项下拉列表中可以选择锐化算法。选择"高斯模糊"选项，可使用"USM锐化"滤镜的方法进行锐化。选择"镜头模糊"选项，可检测图像中的边缘和细节，并对细节进行精确锐化，减少锐化的光晕。选择"动感模糊"选项，可通过设置"角度"来减少由于相机或主体移动而导致的模糊效果。
- **渐隐量：** 用来设置阴影或高光中的锐化量。
- **色调宽度：** 用来设置阴影或高光中色调的修改范围。
- **半径：** "阴影"和"高光"选项区域的"半径"参数，用于控制图像中每个像素周围区域的大小，它决定了像素是在阴影中还是在高光中。向左移动滑块会指定较小的区域，向右移动滑块会指定较大的区域。

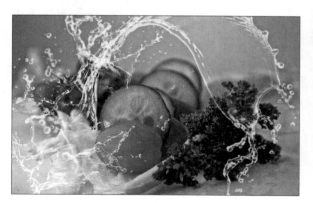

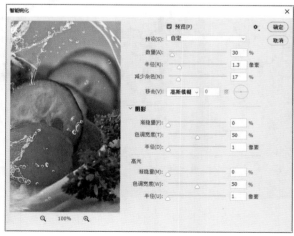

调整"智能锐化"对话框中的参数后，单击"确定"按钮，效果如下图所示。

2.4.6 像素化滤镜组

像素化滤镜组中的多数滤镜是通过将图像中相似颜色值的像素转化成单元格的方法，使图像分块或平面化，从而将图像分解成肉眼可见的像素颗粒，比如方形、点状等。

像素化滤镜组提供了"彩块化""彩色半调""点状化""晶格化""马赛克""碎片"和"铜版雕刻"7种滤镜。

（1）晶格化滤镜

晶格化滤镜可以将图像中颜色相近的像素集中到一个多边形网格中，从而把图像分割成许多个多边形的小色块，产生晶格化的效果，也被称为"水晶折射"滤镜。

在Photoshop中打开一张图片，如下左图所示。执行"滤镜>像素化>晶格化"命令，打开"晶格化"对话框，设置"单元格大小"参数的值，如下中图所示。设置完成后单击"确定"按钮，效果如下右图所示。

"晶格化"对话框中的"单元格大小"参数，可以用来控制多边形色块的大小。

 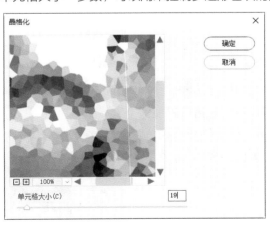 

（2）马赛克滤镜

马赛克滤镜可以将图像分解成许多规则排列的小方块，实现图像的网格化，每个网格中的像素均使用本网格内的平均颜色填充，从而产生类似马赛克的效果。

执行"滤镜>像素化>马赛克"命令，打开"马赛克"对话框，如下左图所示。其中"单元格大小"参数用来控制马赛克色块的大小。设置完成后查看效果，如下右图所示。

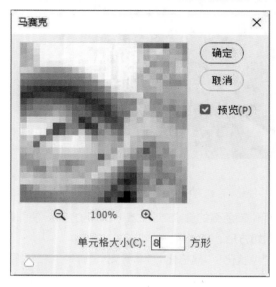

实战练习 使用马赛克滤镜制作海报背景

下面我们将介绍如何使用马赛克滤镜，制作马赛克网格的海报背景，具体操作方法如下。

步骤01 置入"火烧云.jpg"素材图片，调整至合适的大小，如右图所示。将素材图层命名为"图片"并右击，执行"栅格化图层"命令。

步骤02 按下Ctrl+J组合键复制两次"图片"图层，得到"图片 拷贝"图层和"图片 拷贝2"图层。选中"图片 拷贝2"图层，按下Ctrl+T组合键，在属性栏中设置水平倾斜值为"-45度"，效果如右图所示。

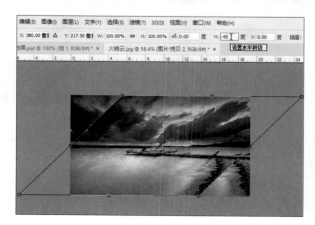

步骤 03 按Enter键确认操作。执行"滤镜>像素化>马赛克"命令，在打开的"马赛克"对话框中设置"单元格大小"的值为"101方形"，如下左图所示。

步骤 04 设置完成后单击"确定"按钮查看效果，如下右图所示。

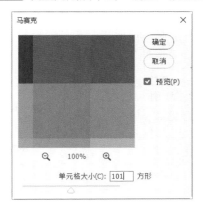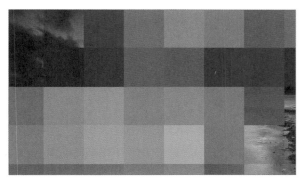

步骤 05 按下Ctrl+T组合键，在属性栏中设置水平倾斜的值为"45"，调整该图层的不透明度为"50%"，效果如下左图所示。

步骤 06 选中"图片 拷贝"图层，按下Ctrl+T组合键，在属性栏中设置水平倾斜的值为"45"。按下Ctrl+Alt+F组合键，重复刚才设置的"马赛克"参数。按下Ctrl+T组合键，再设置水平倾斜的值为"-45"，效果如下右图所示。

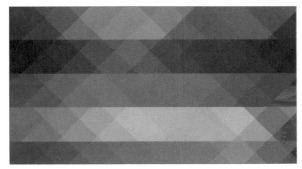

步骤 07 此时我们发现两个图层的马赛克有点不齐，可以左右移动对齐。选中"图片"图层，按下Ctrl+Alt+F组合键，重复刚才设置的"马赛克"参数，调整下边缘，如下左图所示。

步骤 08 设置完成后搭配使用一些文字并查看最终效果，如下右图所示。

知识延伸：蒙版的应用

　　蒙版本来是摄影术语，指的是用于控制照片不同区域曝光程度的传统暗房技术。而在Photoshop中处理图像时，我们常常需要隐藏一部分图像，蒙版就是这样一种可以隐藏图像的工具。蒙版是一种灰度图像，其作用就像一张布，可以遮盖住处理区域中的一部分或全部。当我们在图像处理区域内进行模糊、上色等操作时，被蒙版遮盖起来的部分就不会受到影响。

　　Photoshop提供了3种蒙版，分别为图层蒙版、剪贴蒙版和矢量蒙版。

- 图层蒙版是通过调整蒙版中的灰度信息来控制图像中的显示区域，一般适合于制作合成图像或者控制填充图案。
- 剪贴蒙版是通过控制一个对象的形状来控制其他图像的显示区域。
- 矢量蒙版是通过路径和矢量形状来控制图像的显示区域。

　　下面通过具体实例，介绍剪贴蒙版的应用，操作方法如下。

步骤01 在Photoshop中打开"小孩.jpg"素材文件，并复制两个图层。再导入"眼镜.tif"素材，调整好大小后，使用快速选择工具选中白色镜片，按Ctrl+J组合键进行复制，然后删除眼镜图层中白色部分，如下左图所示。

步骤02 选择"图层 1"图层，设置前景色为黑色、背景色为白色。打开"滤镜库"对话框，选择"绘图笔"滤镜并设置相关参数，如下右图所示。

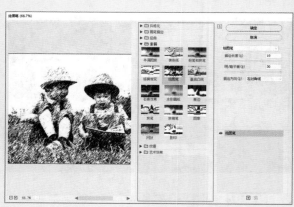

　　步骤03 按住Ctrl键选择"眼镜"和"图层 2"图层，单击"链接图层"按钮，将"图层 2"移至"图层 1拷贝"下方，将"图层 1拷贝"向下创建剪贴蒙版，效果如下左图所示。

　　步骤04 选择移动工具，移动眼镜，可以在眼镜中始终显示真实的人物，其他部分显示素描效果，如下右图所示。

上机实训：制作双重曝光图像效果

扫码看视频

通过本章内容的学习，我们对Photoshop的重要功能有了深入地了解。下面通过制作双重曝光图像的实操，对所学内容进行进一步巩固。本案例应用的知识点包括图层的混合模式、剪贴蒙版、污点修复画笔工具、匹配颜色等。具体操作步骤如下。

步骤01 新建一个"宽度"为22厘米、"高度"为30厘米、"分辨率"为"300"、"颜色模式"为"RGB模式"的文档，并命名为"双重曝光"。从素材文件夹中选择"狗.png"图像文件并置入，调整其位置和大小，如下左图所示。

步骤02 在"图层"面板中选中"背景"图层，单击"创建新的填充或调整图层"按钮，在打开的列表中选择"纯色"选项。在弹出的"拾色器（纯色）"对话框中设置颜色为#cbb9ad，单击"确定"按钮，效果如下右图所示。

步骤03 从案例文件夹中选择"素材.jpg"图像文件并置入，调整位置和大小。在"图层"面板中设置其混合模式为"变亮"。在"素材"图层上单击鼠标右键，在弹出的快捷菜单中选择"创建剪贴蒙版"命令，效果如下左图所示。

步骤04 在"图层"面板中选中"素材"图层，单击"添加图层蒙版"按钮。在工具箱中选择画笔工具，并设置前景色为黑色，使用画笔工具在画布上进行涂抹，擦除多余的图像，效果如下右图所示。

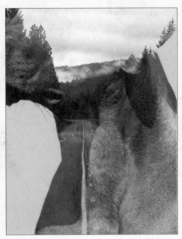

步骤 05 从素材文件夹中选择"素材（2）.jpg"图像文件并置入，调整其位置和大小。将其混合模式设置为"正片叠底"，并设置为"狗"图层的剪贴蒙版，效果如下左图所示。

步骤 06 在"图层"面板中选中"素材（2）"图层，单击"添加图层蒙版"按钮。在工具箱中选择画笔工具，设置前景色为黑色，在画布上涂抹，擦除多余的图像，效果如下中图所示。

步骤 07 从素材文件夹中选择"素材（3）"图像文件并置入，调整其位置和大小，设置混合模式为"正片叠底"，并设置为"狗"图层的剪贴蒙版，效果如下右图所示。

步骤 08 接着为"素材（3）.jpg"图像文件添加图层蒙版。选择画笔工具，使用黑色在蒙版上擦除多余的图像，只保留和天空重合的部分，效果如下左图所示。

步骤 09 从素材文件夹中选择"素材（4）.jpg"图像文件并置入，调整其位置和大小，设置混合模式为"叠加"，让该图层位于所有图层的最上方，效果如下中图所示。

步骤 10 从素材文件夹中选择"鸟.png"图像文件并置入，调整其位置和大小，让鸟翱翔在天空上方，效果如下右图所示。

步骤 11 按下Shift+Ctrl+Alt+E组合键，盖印当前图像为新图层。在"图层"面板中选中"鸟"图层，执行"图像>调整>匹配颜色"命令，弹出"匹配颜色"对话框，设置"明亮度"为"30"、"颜色强度"为"100"、"渐隐"为"10"，设置"源"为"双重曝光.psd"、"图层"为"图层1"，并单击"确定"按钮，如下左图所示。

步骤 12 取消"图层1"图层的可见性，选中"鸟"图层，在菜单栏中执行"滤镜>模糊>高斯模糊"命令，弹出"高斯模糊"对话框，设置"半径"为"0.8像素"，对鸟进行稍许模糊，让它看起来距离镜头较远，效果如下右图所示。

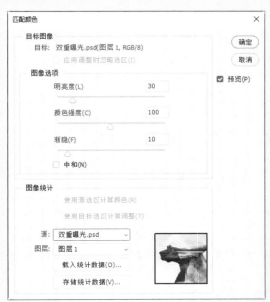

步骤 13 选中"素材（3）"图层，执行"滤镜>模糊>高斯模糊"命令，在弹出的"高斯模糊"对话框中设置"半径"为"2像素"，并单击"确定"按钮。选中滤镜蒙版，使用渐变工具在滤镜蒙版上绘制一个由白到黑的线性渐变，使山峰从上至下呈现出从模糊到清晰的效果，如下左图所示。

步骤 14 至此，本案例制作完成，最终效果如下右图所示。

课后练习

一、选择题

（1）Photoshop默认的工作界面为深色界面，用户可以在（　　　）对界面的显示颜色进行调整。

A."样式"面板 　　　　　　　　　　　　B."图层"面板

C."调整"面板 　　　　　　　　　　　　D."首选项"对话框

（2）在Photoshop中，用户可以通过（　　　）打开"图层样式"对话框。

A. 双击图层 　　　　　　　　　　　B. 在菜单栏中选择"图层>图层样式"命令

C. 单击"图层"面板中"图层样式"按钮 　　D. 以上都是

（3）（　　　）模式可以增加图像的对比度。

A. 变暗 　　　　　　　　　　　　　B. 叠加

C. 差值 　　　　　　　　　　　　　D. 变亮

（4）在菜单栏中执行"色阶"命令，可以打开"色阶"对话框，其快捷键是（　　　）。

A. Ctrl+L 　　　　　　　　　　　　B. Ctrl+U

C. Ctrl+M 　　　　　　　　　　　　D. Ctrl+B

二、填空题

（1）描边样式可以使用＿＿＿＿＿＿、＿＿＿＿＿＿、＿＿＿＿＿＿进行描边。

（2）＿＿＿＿＿＿滤镜组中的滤镜多用于不同程度地减少图像相邻像素间的颜色差异，使该图像产生柔和、模糊的效果。

（3）＿＿＿＿＿＿可以添加或减少图像的饱和度，更好地调节图像的色彩。

三、上机题

下面我们将利用本章关于图像的调整、图层样式、风格化滤镜等知识，制作故障风格的照片效果。下左图是调整图像后应用"光泽"图层样式的效果，下右图为应用"风"滤镜后的最终效果。

第3章 应用Illustrator进行矢量图形编辑

本章概述

　　Illustrator是Adobe公司推出的一款基于矢量图形绘制与处理的专业平面设计软件，广泛应用于平面广告设计、插画制作以及艺术效果处理等诸多领域。本章将对Illustrator的绘图、上色和文字等功能进行介绍。

核心知识点

❶ 了解Illustrator的工作界面
❷ 掌握绘图工具的应用
❸ 掌握图形的填充上色操作
❹ 掌握文字的应用

3.1 Illustrator的工作界面

　　Illustrator的工作界面很人性化，用户在使用时选择工具、使用面板和设计作品都很流畅、和谐。Illustrator的工作界面如下图所示。

- **菜单栏：** 菜单栏中包含9个主菜单，分别为"文件""编辑""对象""文字""选择""效果""视图""窗口"和"帮助"菜单。
- **控制面板：** 控制面板主要用于设置所选工具的相关选项，控制面板中的参数随着选择工具的不同也会有所不同。
- **标题栏：** 在Illustrator中打开文件时，标题栏中会显示当前文件的名称、视图的比例以及颜色的模式等信息。
- **绘画区域：** 在该区域，用户可以绘制与编辑图形，也可以通过缩放操作对绘图区域的尺寸进行调整。
- **工具箱：** 工具箱中集合了Illustrator的大部分工具，其中的每个按钮都代表一个工具。有些工具按钮的右下角有黑色的小三角，表示该工具中包含了相关系列的隐藏工具，在工具按钮上长按鼠标左键，即可显示完全工具。

- **面板：** Illustrator "窗口"菜单中的命令均可以以面板形式显示。面板用于编辑图形或设置各工具参数选项。用户可以通过编组或堆叠的方式，实现面板的使用和操作空间平衡。在Illustrator工作界面的最左侧堆叠着多个面板，只需单击"展开面板"按钮，即可将面板打开。
- **状态栏：** 状态栏位于工作界面的最下方，一般显示文件的缩放比例和显示页面。用户可以通过设置相应的选项，显示当前工具、日期、时间以及文档颜色配置等信息。

3.2 绘图

Illustrator是一款矢量图形软件，本节将介绍工具箱中绘制矢量图形的主要工具，包括矩形工具、椭圆工具、钢笔工具、铅笔工具等。

3.2.1 绘制基本几何图形

Illustrator提供了几种基本的几何图形绘制工具，包括矩形、椭圆形、多边形和星形等工具，用户可以直接使用并在画板中绘制图形。在工具箱中将光标定位在矩形工具上方，按住鼠标左键不放，即可展示基本几何图形的绘图工具，如右图所示。

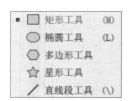

（1）矩形工具

使用矩形工具可以创建矩形或正方形。在工具箱中选择矩形工具，在绘图区单击并拖拽鼠标左键，即可创建矩形，如下左图所示。如果需要创建指定大小的矩形，则选择矩形工具后在绘图区单击，打开"矩形"对话框，设置矩形的"宽度"和"高度"，单击"确定"按钮，如下右图所示。即可在绘图区绘制指定大小的矩形。

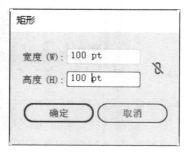

在绘制矩形时，按住Alt键可以以单击点为中心点向外绘制矩形，同时按住Shift键可绘制正方形，同时按住Alt+Shift组合键可绘制由单击点为中心向外的正方形。

使用矩形工具也可以绘制圆角矩形。选择矩形工具，在工具控制栏中设置"边角类型"为"圆角"，在"圆角半径"数值框中输入指定的数值，然后在绘图区域内绘制圆角矩形，如下页上图所示。

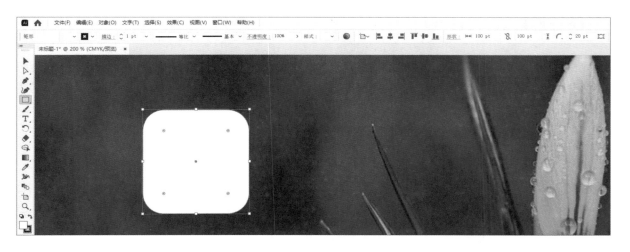

（2）椭圆工具

使用椭圆工具可以绘制椭圆形或圆形。在工具箱中选择椭圆工具，在绘图区单击并拖拽鼠标左键至合适位置，若绘制的形状是用户需要的，释放鼠标左键即可，如下左图所示。在绘制椭圆形时，若按Alt键，可以以单击点为中心点绘制椭圆；若按Shift键，可以绘制正圆形，如下右图所示。

（3）多边形工具

使用多边形工具可以创建大于或等于3条边的多边形。选择工具箱中的多边形工具，在绘图区单击并拖拽鼠标左键，即可创建多边形，如下左图所示。在绘制多边形时，可以移动光标进行图形旋转。如果需要指定多边形为固定的边，可以单击绘制多边形的中心，打开"多边形"对话框，设置多边形的边数，单击"确定"按钮即可，如下右图所示。

（4）星形工具

使用星形工具可以绘制不同角点数的星形。在工具箱中选择星形工具，在绘图区单击并拖拽鼠标左键，即可绘制星形。星形工具默认绘制的是五角星形状，按键盘上的方向键可以调整角点数，如下左图所示。在绘制多边形时，可以移动光标进行图形旋转。如果需要创建指定角点数的星形，则选择星形工具后在画面中单击，即可打开"星形"对话框，设置要创建星形的各项参数，单击"确定"按钮，如下右图所示。

下面介绍"星形"对话框中各选项的含义。

- **半径1**：设置从星形中心到星形最内侧点的距离。
- **半径2**：设置从星形中心到星形最外侧点的距离。如果"半径1"和"半径2"设置的数值一样，则创建的图形为多边形。
- **角点数**：通过单击微调按钮或在数值框中直接输入数值，可设置星形的角点数。

3.2.2 绘制线和网格

Illustrator中提供了多种线形和网格的绘制工具，比如直线段工具、弧形工具、螺旋线工具、矩形网格工具和极坐标网格工具。

单击工具箱下方"编辑工具栏"按钮 …，在展开面板的"绘制"区域中包含线形和网格的工具，如下图所示。

（1）直线段工具

直线段工具主要用来在绘图区域绘制直线。在工具箱中选择直线段工具，将光标定位在需要绘制直线的起始位置，然后按住鼠标左键进行拖拽，如下左图所示。在光标右下角显示绘制直线的长度和角度，拖拽至结束位置释放鼠标左键即可，如下右图所示。

如果用户需要创建指定长度和角度的直线，可以通过"直线段工具选项"对话框实现。选择直线段工具，在绘图区单击，即可打开该对话框，在"长度"和"角度"数值框中输入相应的数值，单击"确定"按钮，即可在选中的点上创建设置的直线，如右图所示。

在绘制直线段时，用户可以借助Shift和Ctrl键进行绘制。按住Shift键，可以绘制出45度角或其倍数的直线。按住Ctrl键，可以绘制以单击点为中心向两侧延伸的直线。

（2）弧线工具

弧线工具主要用来在绘图区域创建弧线。选择工具箱中的弧线工具，在绘图区将光标定位在需要绘制弧线的起始位置，然后按住鼠标左键进行拖拽，即可绘制弧线，如下左图所示。如果在绘制弧线时按住键盘上的X键，可以切换弧线的方向，如下右图所示。

若需绘制闭合的图形，则在绘制弧线时按键盘上的C键即可，如下左图所示。若绘制精确的弧线，则选中弧线工具并在绘图区单击，打开"弧线段工具选项"对话框，设置各项参数，单击"确定"按钮即可，如下右图所示。

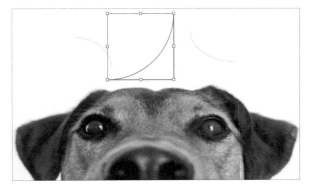
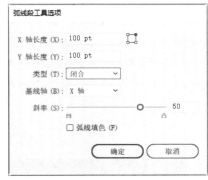

下面介绍"弧线段工具选项"对话框中各选项的含义。

- **X/Y轴长度：** 设置弧线的长度和高度。
- **参考点定位器：** 选中参考点定位器上空心方块，可以设置弧线的参考点。
- **类型：** 设置弧线是开放还是闭合，单击右侧下三角按钮，在列表中选择相应的选项即可。
- **基线轴：** 设置绘制的弧线基线轴为X轴或Y轴，单击右侧下三角按钮，在列表中选择相应的选项即可。
- **斜率：** 设置弧线的斜率方向，可以通过拖动滑块设置，也可以在右侧数值框内输入数值。
- **弧线填色：** 若勾选该复选框，可以使用当前填充颜色为弧线闭合区域填充颜色。

（3）螺旋线工具

螺旋线工具主要用来创建螺旋线。选择工具箱中的螺旋线工具，在绘图区通过按住鼠标左键并拖拽，即可绘制螺旋线，如下左图所示。在绘制螺线时按R键，可以切换螺旋线的方向，如下右图所示。

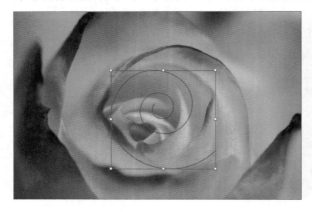 

如果用户需要精确设置螺旋线的半径和段数，则在工具箱中选择螺旋线工具后在绘图区单击，打开"螺旋线"对话框，设置各项参数，单击"确定"按钮，如右图所示。

下面介绍"螺旋线"对话框中各选项的含义。

- **半径**：在右侧数值框中输入对应的数值，设置从中心到螺旋线最外侧的点的距离。数值越大，螺旋线的范围越大。
- **衰减**：设置螺旋线的每一螺旋相对于上一螺旋的量。
- **段数**：设置螺线的螺旋数量。
- **样式**：设置螺旋线的方向。

（4）矩形网格工具

矩形网格工具主要用来绘制带有网格的矩形。选择工具箱中的矩形网格工具，在绘图区按住鼠标左键并沿对角线方向进行拖拽，拖至合适的位置释放鼠标左键即可，如下左图所示。如果需要绘制精确的矩形网格，可以单击需要绘制矩形网格的一个角点位置，打开"矩形网格工具选项"对话框，如下右图所示。设置矩形网格的各个选项参数，单击"确定"按钮，即可创建矩形网格。

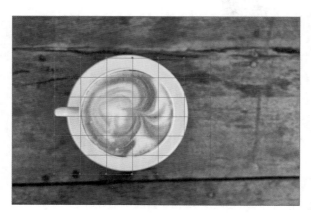 

下面介绍"矩形网格工具选项"对话框中各选项的含义。

- **默认大小**：在"宽度"和"高度"数值框中输入数值，设置矩形网格的宽度和高度。
- **水平分隔线**：在"数量"数值框中输入数据，设置从网格顶部到底部之间水平分隔线的数量。"倾斜"值决定水平分隔线的间距是倾向于底部还是顶部。
- **垂直分隔线**：在"数量"数值框中输入数值，设置从网格左侧到右侧之间垂直分隔线的数量。
- **使用外部矩形作为框架**：勾选该复选框后，将以单独的矩形对象替换顶部、底部等线段。
- **填色网格**：勾选该复选框后，在网格线上应用描边颜色。

提示：绘制极坐标网格

在绘制极坐标网格时，按住Ctrl键，以单击点为中心绘制网格；按键盘的上、下键，可增加或减少同心圆的数量；按键盘上的左键、右键，可以减少或增加分隔线；按X键，同心圆逐渐向网格中心聚拢；按C键，同心圆逐渐向边缘扩散；按V键，分隔线会逐渐向顺时针聚拢；按F键，分隔线向逆时针聚拢。

3.2.3 光晕工具

使用光晕工具可以绘制出光辉闪耀的效果。在工具箱中选择光晕工具，在画面左上角单击并拖拽鼠标左键至合适位置，释放鼠标即可创建光晕效果，如下左图所示。然后在光晕右下角再创建小的光晕，效果如下右图所示。

若需要为光晕设置更多效果，则选择光晕工具后在画面中单击，打开"光晕工具选项"对话框，如右图所示。在该对话框中设置光晕参数后，如果需要恢复默认值，则按Alt键，对话框中"取消"按钮会变为"重置"按钮，单击该按钮即可。

下面介绍"光晕工具选项"对话框中各选项的含义。

- **居中**：该区域的参数主要用于设置光晕闪光中心的直径、不透明度和亮度。
- **光晕**：在该区域中，"增大"属性用于设置光晕围绕控制点的辐射程度；"模糊度"属性用于设置光晕的模糊程度。
- **射线**：在该区域中，"数量"属性用于设置光晕的光线数量；"最长"属性用于设置光线的长度；"模糊度"属性用于设置光晕在图形中的模糊程度。

- **环形：** 在该区域中，"路径"属性用于设置光环所在路径的长度值；"数量"属性用于设置光环在图形中的数量；"最大"属性用于设置光环的大小比例；"方向"属性用于设置光环在图形中的旋转角度。

3.2.4 铅笔工具

使用铅笔工具可以在绘图区绘制不规则的线条，就像用铅笔在纸上绘图一样。使用铅笔工具不仅可以绘制闭合或开放的路径，还可以将已经存在的曲线节点作为起点，绘制出一条延伸的新曲线。

打开Illustrator软件后，打开所需的图像。选择工具箱中的铅笔工具，在画面中按鼠标左键并拖拽，完成后释放鼠标左键，即完成线条的绘制，如下左图所示。若绘制闭合的线条，则在绘制线条时按住Ctrl键，当铅笔右下角变为小圆形时，释放鼠标左键，即可创建闭合的平滑线条，如下右图所示。

使用铅笔工具绘制图形时，绘制的线条并不是很平滑，当释放鼠标左键时，软件会自动进行平滑处理。如果需要调整图形，可以使用直接选择工具调整锚点的控制点。

在使用铅笔工具时，用户可以在"铅笔工具选项"对话框中设置锚点的数量或路径的长度等。在工具箱中双击铅笔工具按钮，即可打开"铅笔工具选项"对话框，如右图所示。

下面介绍该对话框中各主要选项的含义。

- **保真度：** 用于控制鼠标移动多少距离才能向路径添加新锚点。该滑块越向右滑动，绘制的线条越平滑，复杂度也越低；该滑块越向左滑动，绘制的线条就越接近光标的路径，会生成更多的锚点。

- **保持选定：** 勾选该复选框，绘制线条后，该线条处于选中状态。

- **编辑所选路径：** 勾选该复选框，可以使用铅笔工具修改所选路径；取消勾选该复选框，铅笔工具不能修改路径。

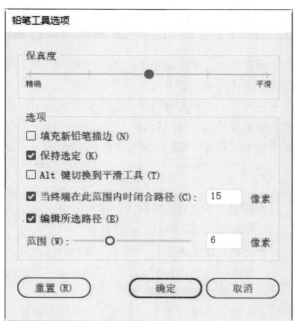

- **范围：** 拖拽滑块或在数值框中输入像素值，可以设置光标与路径达到什么距离时，才能使用铅笔工具编辑路径。只有勾选"编辑所选路径"复选框时，该选项才能使用。

　　如果要修改路径的形状，可以将铅笔工具放在路径上，当光标右下角星号消失时，按住鼠标左键绘制。下左图上一条线是原来路径，下一条是要改变成路径。绘制需要的形状后，释放鼠标左键，即可修改路径的形状，如下右图所示。

　　如果需要延长路径，可以将光标移到路径的端点上，光标右下角的星号变为减号时，按住鼠标左键绘制路径，即可延长路径，如下左图所示。

　　如果要连接两条路径，首先选择需要连接的两条路径，使用铅笔工具单击任意一条路径的端点，然后拖至另一条路径的端点上，拖拽的同时按住Ctrl键。最后释放鼠标左键和Ctrl键，即可连接这两条路径，如下右图所示。

【实战练习】绘制数字 "8" 卡通形象

　　学习了绘制基本几何体工具和铅笔工具的方法后，下面我们将应用所学的内容绘制卡通数字 "8" 形象效果，具体操作方法如下。

　　步骤 01 在Illustrator中新建A4大小的文件，选择椭圆工具后按住Shift键绘制正圆形，设置填充颜色为橘色，设置描边颜色为黑色、描边宽度为4pt，如右图所示。

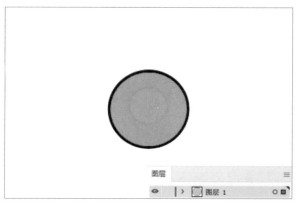

步骤 02 选择绘制的正圆形，复制一份。通过调整控制点，将复制的圆形稍微放大点儿，并移到小圆形的下方并重叠一部分，如右图所示。

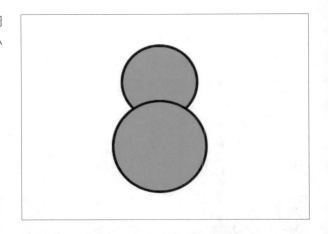

步骤 03 新建图层，绘制小正圆形，设置其填充颜色为白色，设置描边颜色为黑色、宽度为3pt。复制一份并调整大小，分别移到橙色圆的中心位置，如下左图所示。

步骤 04 按住Alt键放大画面，使用钢笔工具在橙色圆的交叉点添加锚点，需要删除两锚点中间的边，该区域用于绘制卡通形象的眼睛和嘴巴，如下右图所示。

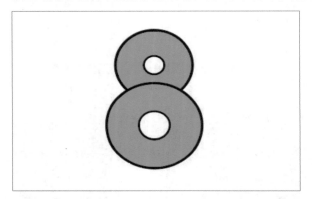
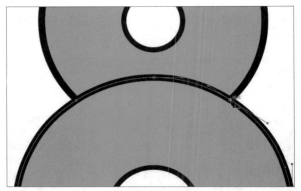

步骤 05 使用直接选择工具选中添加锚点的中间锚点，按Delete键删除，适当调整圆的位置，如下左图所示。

步骤 06 使用铅笔工具在数字"8"的上方绘制一顶帽子。绘制完成后，使用直接选择工具对锚点进行调整，如下右图所示。

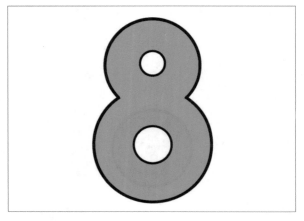
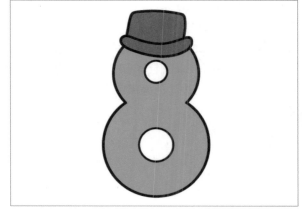

步骤 07 使用椭圆工具绘制一个小一点儿的椭圆形，设置为白色、无描边，再复制一份，分别放在数字"8"的中间位置，如下左图所示。

步骤 08 使用铅笔工具绘制卡通数字"8"的嘴巴和眼睛。如果感觉形状的端点比较生硬，可执行"窗口>描边"命令，在面板中将端点和边角都设置为圆角，如下右图所示。

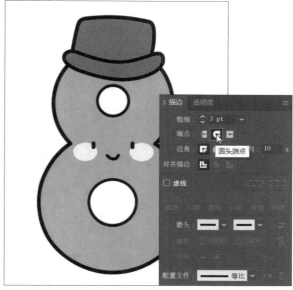

步骤 09 最后在帽子和数字"8"的描边上添加锚点，并制作缺口的效果。在数字"8"的周边添加修饰性元素，最终效果如右图所示。

3.2.5　钢笔工具

钢笔工具是Illustrator软件中非常重要的工具之一，使用铅笔工具可以绘制直线、曲线或各种图形。使用Illustrator矢量软件制图时，熟练掌握钢笔工具的使用是每个用户的必备技能。

要使用钢笔工具绘制直线路径，则选择工具箱中的钢笔工具，在画面中单击鼠标左键，创建第一个锚点，如下左图所示。然后继续在画面中单击鼠标左键创建第二个锚点，释放鼠标即可创建两个锚点之间的直线路径，如下右图所示。

提示：绘制直线的技巧

使用钢笔工具绘制直线时，按住Shift键可以绘制角度为45度倍数的直线。

使用钢笔工具绘制曲线时，将光标定位在第3个锚点，按住鼠标左键进行拖拽，如下左图所示。预览曲线效果，满意后释放鼠标左键即可，效果如下右图所示。

使用钢笔工具绘制转角曲线时，首先使用钢笔工具在画面中绘制一条曲线，如下左图所示。将光标移至方向点上按住鼠标左键的同时按住Alt键，然后向相反方向拖拽，如下右图所示。

然后将光标定位在第3个锚点上，并拖拽鼠标左键创建转角曲线，如下左图所示。预览转角曲线的效果，满意后释放鼠标左键即可，效果如下右图所示。

单击工具箱下方的"编辑工具栏"按钮，其中包括添加锚点工具和删除锚点工具。使用添加锚点工具可以为绘制的路径添加锚点，从而进一步对路径进行控制。选择添加锚点工具，在绘制的路径上单击，如下左图所示。即可完成添加锚点的操作，如下右图所示。

　　使用删除锚点工具可以删除路径上已有的锚点，从而改变路径的形状。选择工具箱中的删除锚点工具，将光标移至需要删除的锚点上，如下左图所示。单击鼠标左键，即可删除选中的锚点，图形的形状也发生了变化，如下右图所示。

　　在钢笔工具组中还包括锚点工具，使用该工具可将角点和平滑点相互转换。将平滑点转换为角点时，首先选择锚点工具，将光标移到需要转换为角点的锚点上，如下左图所示。然后单击鼠标左键，即可将该点转换为角点，效果如下右图所示。

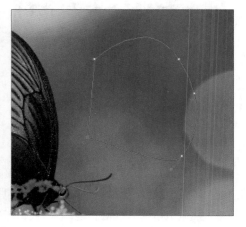

　　将角点转换为平滑点时，首先使用锚点工具选择锚点并进行拖拽，如下左图所示。拖至合适的位置释放鼠标左键，即可将角点转换为平滑点，如下右图所示。

3.3　图形的填充上色

在Illustrator中对图形对象进行填充和描边是经常用到的操作。用户可以为图形填充纯色、渐变或者图案，还可以进行实时上色。

3.3.1　设置填充和描边

在Illustrator中设置填充和描边的方法很多，用户可以在"颜色"面板、"色板"面板或工具面板中进行设置，也可以用吸管工具进行设置。

（1）在工具面板中设置填充和描边

用户可以通过工具面板切换对图形填充或描边，然后设置颜色和渐变，也可以通过"颜色"或"色板"等面板进行设置。

在Illustrator中绘制形状并选中，在工具面板中显示了选中图形的填充和描边属性。如果需要为图形设置填充颜色，则首先需要选中"填色"图标，将其设为当前编辑状态，如下左图所示。打开"颜色"面板，光标变为吸管形状，在打开的面板中吸取颜色，选中图形即可填充吸取的颜色，如下右图所示。

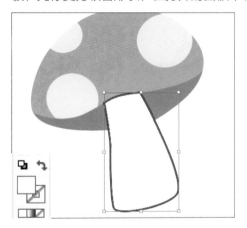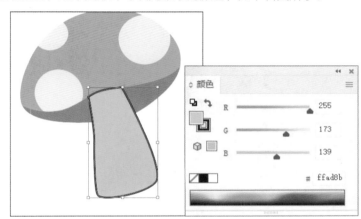

用户也可以在"色板"面板中填充颜色。首先保持图形为选中状态，执行"窗口>色板"命令，打开"色板"面板，选择合适的描边颜色，即可为形状填充选中的颜色，如下左图所示。在"色板"面板左上角通过单击"填充"和"描边"图标切换至描边模式，设置为无填充，效果如下右图所示。

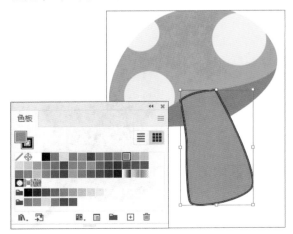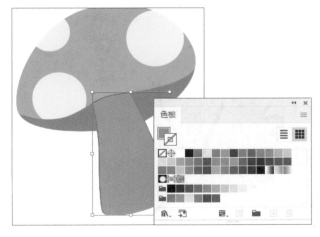

（2）使用吸管工具填充和描边

使用吸管工具可以吸取对象的填充、描边和各种外观属性。双击工具箱中吸管工具按钮，在打开的"吸管选项"对话框中设置使用吸管取样的属性，比如透明度、填色、描边、字符和段落等，如右图所示。

使用选择工具选择需要填充和描边的对象，然后选择吸管工具，光标变为吸管形状时，移至需要取样的对象上，如下左图所示。单击即可拾取该图形的填充和描边属性，并应用至所选对象上，如下右图所示。

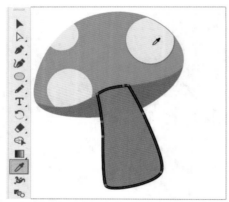

（3）互换填色与描边

互换填色与描边是指将对象的填色和描边属性相互调换。选择需要互换颜色的对象，如下左图所示。单击工具面板中"互换填色和描边"按钮，如下中图所示。可见选中的对象互换填色和描边，效果如下右图所示。

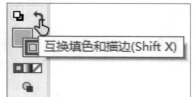

（4）删除填色与描边

选择需要删除填色或描边的图形，例如选择下左图人物衣服图形。如果删除填色，则在工具箱中使填色模式为激活状态，单击"无"按钮，如下中图所示。即可将选中图形的填充颜色删除，如下右图所示。删除描边的颜色和删除填色的方法相同。

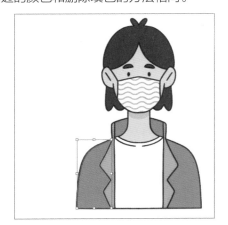
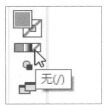
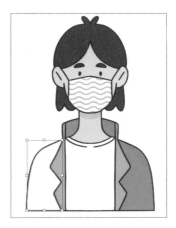

3.3.2　实时上色

实时上色是一种为图形填色的特殊方法，不仅可以为独立对象进行填色，也可以为对象交叉的区域填色，还可以为描边填色。每条路径都保持完全可编辑的特点，移动或调整路径形状时，之前应用的颜色会自动填充调整后的区域。

（1）创建实时上色组

创建实时上色组后，可以上色的部分为对象的表面和边缘（表面是指一条或多条边缘组成的区域，边缘是指路径和其他路径交叉后处于交点之间的路径部分）。然后使用实时上色工具选择合适的填充颜色，将光标移至需要上色的区域单击，即可为对象填充颜色。下左图为树叶和曲线创建实时上色组，下右图为对树叶的左右两侧分别填充纯色和图案，使用工作箱中的实时上色工具进行填充的效果。

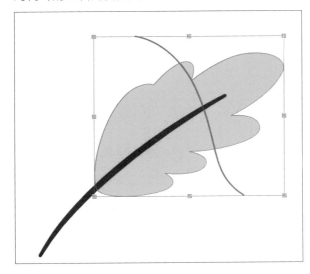
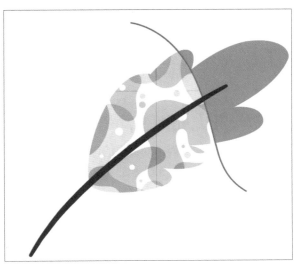

建立实时上色组后，每条路径都可以编辑，并且移动或改变路径的形状时，Illustrator会自动将颜色应用于由编辑后的路径所形成的新区域。下左图是移动曲线位置的效果，下右图是编辑曲线形状后的效果。

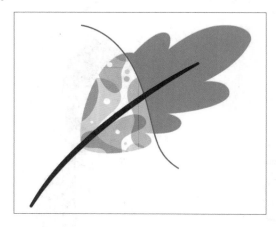 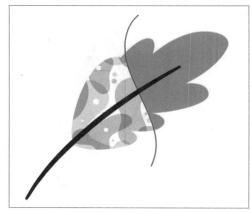

（2）在实时上色组中添加路径

在实时上色组中可以通过添加路径创建新的表面和边缘。首先需要选中实时上色组和添加的路径，然后执行"对象>实时上色>合并"命令，或者单击控制栏中"合并实时上色"按钮，即可将路径添加至实时上色组，如下左图所示。合并后，使用实时上色工具对其进行上色，效果如下右图所示。

3.3.3 渐变和渐变网格

Illustrator软件为用户提供的渐变填充功能，可以将两种或更多的颜色进行平滑过渡，从而增强对象的可视效果。Illustrator软件提供两种渐变方式，分别为线性渐变和径向渐变。

（1）渐变

若需要对图形对象进行渐变填充，则首先选中对象，如下页左上图所示。单击工具箱中的"渐变"按钮，在打开的"渐变"面板中进行设置。默认为黑白的线性渐变，如下页右上图所示。

下面介绍常用的打开"渐变"面板的方法。

● 单击工具面板底部的"渐变"按钮▦。

- 执行"窗口>渐变"命令或按Ctrl+F9组合键。
- 双击工具箱中渐变工具按钮 。

下面介绍"渐变"面板中主要选项的含义。

- **渐变填色缩览框**：显示当前设置的渐变颜色，单击即可应用在选择的对象上。默认为黑白渐变，单击右侧下三角按钮，可以选择预设的渐变。选择"兰花"渐变选项后，效果如下左图所示。
- **类型**：包括"线性渐变""径向渐变"和"任意形状渐变"，默认为"线性渐变"，下右图为"径向渐变"的效果。

- **反向渐变** ：单击该按钮，反转当前设置渐变颜色的填充顺序。
- **描边**：如果对描边进行渐变填充，默认激活"在描边中应用渐变"按钮。
- **角度**：用于设置线性渐变的角度。
- **长宽比**：设置径向渐变时，在数值框中输入数值，创建椭圆渐变。
- **不透明度**：选中渐变滑块，设置不透明度的值，调整颜色呈现的透明效果。
- **位置**：选择渐变滑块，然后输入数值，调整该滑块的位置。

（2）使用网格工具创建渐变网格

使用网格工具可以在矢量对象上创建网格对象，形成网格，用户可以创建单个或多个颜色。颜色可以向不同方向流动，在两种颜色之间形成平滑过渡。

在Illustrator中选择图形或者绘制图形，例如绘制正圆形，设置填充为白色、无描边，如下左图所示。在工具箱中选择网格工具，在圆形的左上角单击，即可创建纵横网格，如下中图所示。根据相同的方法创建网格，如下右图所示。

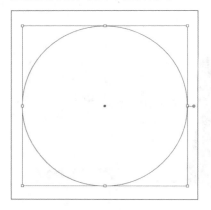 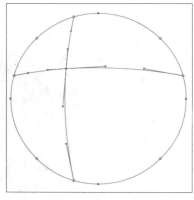 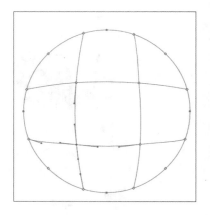

使用网格工具选择其中一个锚点，在"颜色"面板中设置颜色，选中的锚点将填充该颜色，如下左图所示。根据相同的方法为其他锚点填充颜色，如下中图所示。使用网格工具移动锚点的位置，创建出不规则的渐变效果，如下右图所示。

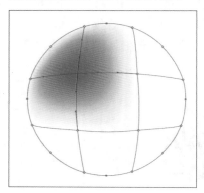 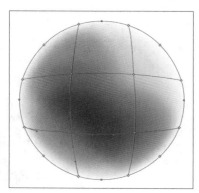 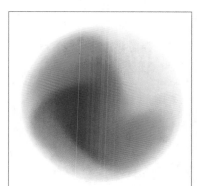

3.4　文字

使用Illustrator进行平面设计时，文字是相当重要的组成部分。文字可以突出主题，也可以美化作品。Illustrator提供了强大的文字编辑功能，可以创建各种字体或对文字进行排版。

3.4.1　文字工具

Illustrator提供3种文字输入方法，分别为点文字、区域文字和路径文字，用户可以根据需要输入文字。

（1）点文字

点文字是从画面中的单击位置开始输入一行或一列文字。输入点文字时如果需要换行，直接按Enter键即可。点文字适合输入文字量较少的文本。

在工具箱中选择文本工具，将光标移至画面中并单击，在属性栏中设置文字的字体和字号等，然后输入文字，如右图所示。

选择直排文字工具，在画面中输入文字，效果如下左图所示。输入完成后按Esc键或单击画面中其他位置，即可结束文字输入。

如果输入的点文字需要换行，则按Enter键，然后继续输入文字即可，如下右图所示。使用直排文字工具创建点文字需要换行时，操作和以上方法相同，文字排列方式是自上而下，换行是由右向左。

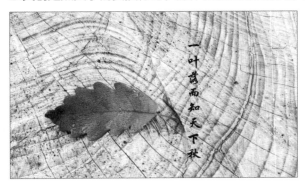

（2）区域文字

区域文字也称为段落文字，是利用对象的边界来控制文字的排列，文本触及边界时会自动换行。区域文字也可以创建横排和直排文字，适合输入大量文字。

在工具箱中选择文字工具（直排文字工具、区域文字工具或直排区域文字工具），将光标移至封闭的图形上，光标变为①形状时单击，如下左图所示。在属性栏中设置字体、字号和颜色，然后输入相关文字，可见文字在图形范围内显示，如下右图所示。

在Illustrator中使用文字工具和直排文字工具不仅可以创建点文字，还可以创建区域文字。选择文字工具，在画面中绘制一个矩形，默认显示一段文本，如下左图所示。在属性栏中设置字体格式，然后输入文字，效果如下右图所示。

在创建区域文字时，若输入过多的文字，会导致文字在图形区域内显示不全，在图形下方会显示⊞符号，用户可以使用选择工具拖拽图形控制点直至显示全部文字。当显示全部文字时，在图形下方会出现蓝色边框、白色填充的正方形。

（3）路径文字

路径文字是沿着开放或封闭路径的边缘排列的文本。在画面中绘制路径后，选择路径文字工具或直排路径文字工具，将光标移至路径上方并单击，如下左图所示。在属性栏中设置文字的格式，然后输入需要的文字，效果如下右图所示。

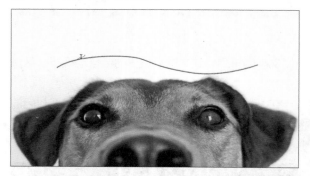 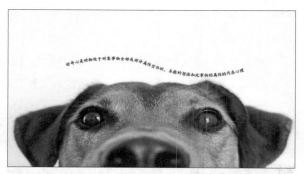

提示：创建路径文字的其他方法

使用文字工具或直排文字工具也可以创建路径文字。首先将光标移至路径上，变为 工 形状时单击，即可输入路径文字。如果路径是封闭的，则必须使用路径文字工具。

3.4.2 "字符"和"段落"面板

执行"窗口>文字>字符"命令，即可打开"字符"面板，此时在面板中显示常用的选项。若需要显示所有选项，单击面板右上角的 按钮，在展开的菜单中选择"显示选项"命令，如下页左上图所示。即可显示全部选项，如下页右上图所示。

下面介绍"字符"面板中主要选项的含义。

- **修饰文字工具：** 单击该按钮，即可对选中的文字进行编辑和修饰，和工具箱中的修饰文字工具功能一样。
- **设置字体系列：** 单击右侧下三角按钮，在列表中选择文字的字体。
- **设置字体样式：** 设置所选字体的样式。
- **设置字体大小：** 在右侧数值框中输入数字，或在列表中选择字体大小。
- **设置行距：** 设置字符行之间距离的大小。
- **垂直缩放：** 设置文字的垂直缩放百分比。
- **水平缩放：** 设置文字的水平缩放百分比。
- **设置两个字符间的字距微调：** 设置两个字符间的间距。
- **设置所选字符的字距调整：** 设置所选字符的间距。

执行"窗口>文字>段落"命令，打开"段落"面板，单击面板的扩展按钮，在菜单中选择"显示选项"命令，即可显示所有段落的选项，如下图所示。

用户也可以在属性栏中设置段落格式。选中段落文本，单击属性栏中"段落"按钮，即可打开相关面板，其面板中的选项和"段落"面板中的选项相同。

实战练习 创建文本绕排效果

文本绕排是在对象周围绕排文本，使文本和对象完美结合。创建文本绕排时需要绘制形状，通过形状建立文本绕排，下面介绍具体操作方法。

步骤 01 在Illustrator中打开"狗狗.jpg"图片。使用文字工具在画面中创建区域文本，并在"字符"面板中设置字体的格式，此时文字覆盖在图像中狗的上方，如右图所示。

步骤 02 使用钢笔工具沿着狗的头部绘制闭合图形，设置图形的填充色为无色、描边为黑色，如右图所示。

步骤 03 按住Shift键选择绘制的形状和文本，在菜单栏中执行"对象>文本绕排>建立"命令，则选中的形状和文本建立起了文本绕排，如右图所示。

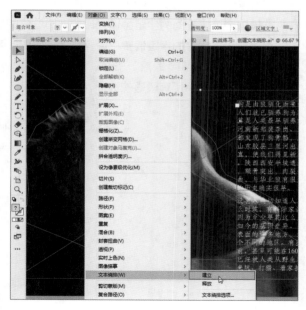

步骤 04 在弹出的提示对话框中单击"是"按钮，然后适当调整文本的位置，可将文本显示在形状的外侧。通过调整文本框的大小，使文本显示完全，如右图所示。

步骤 05 用户还可以调整文本与形状之间距离。选择文本和形状，在菜单栏中执行"对象>文本绕排>文本绕排选项"命令，打开"文本绕排选项"对话框，设置"位移"为"-6pt"，单击"确定"按钮，如下左图所示。

步骤 06 为了使画面整体美观，打开"段落"面板，设置文本为"两端对齐，末行左对齐"，设置"段后间距"为"12pt"，使段落之间更清晰，如下右图所示。

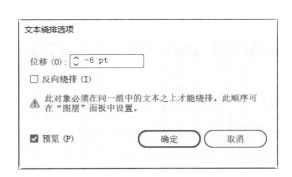

步骤 07 设置形状为无描边，最后添加文字的标题，效果如下图所示。

知识延伸：串接文本

　　输入区域文本时，若输入的文本信息超出路径范围，可以使用文本串接功能，将未显示完全的文本显示在其他区域。打开素材文件，可见文本框的右下角出现红色加号，将光标移至该图标上并单击，如下左图所示。当光标变为 形状时，在其他区域单击或拖拽绘制文本区域，即可将溢出的文本显示在该图形中，如下右图所示。

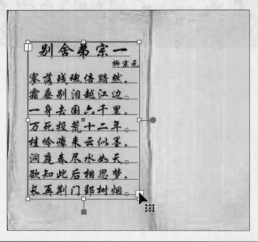 

提示：使用命令创建串接文本

首先选择两个或两个以上区域，然后执行"文字>串接文本>创建"命令，即可创建串接文本。创建串接文本后，若不显示串接标记，执行"视图>显示文本串接"命令即可显示。

　　用户也可以将溢出的文本串接到指定图形中。首先单击下左图的红色加号，将光标移至指定的图形边缘上，当光标变为 形状时单击，文本会在指定图形中显示，如下左图所示。

　　如果用户需要删除串接的文本，则将光标移至原红色加号位置，光标变为 形状时单击即可，如下右图所示。串接的文本会自动在原对象内排列。

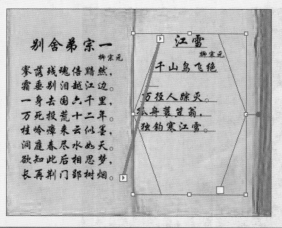 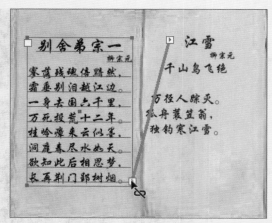

提示：释放串接文本

选中文本对象，然后执行"文字>串接文本>释放所选文字"命令，文本将保留在原位置。

上机实训：设计播放按钮图标

在使用Illustrator设计作品时，掌握绘制形状的精度和颜色是非常重要的，这关系到整个作品的整体效果。在本次上机实训中，我们将通过制作播放按钮图标的过程，介绍各种形状的绘制、形状之间的运算，以及填充颜色的方法和技巧。下面介绍具体操作方法。

扫码看视频

步骤 01 新建一个"宽度"和"高度"均为"250mm"、"颜色模式"为"RGB颜色"的文件。使用矩形工具绘制一个"宽度"和"高度"均为"111mm"、"圆角半径"为"10mm"的圆角矩形。在"渐变"面板中设置渐变类型和角度，如下左图所示。

步骤 02 设置左侧的滑块颜色为白色、右侧滑块的颜色为浅灰色。然后设置圆角矩形的描边与填充为相同渐变的形式，将其角度设置为"300"，效果如下右图所示。

步骤 03 选择圆角矩形并复制，将复制的圆角矩形的填充颜色设置为黑色，将描边设为无，并将其放置到渐变矩形的正上方，如下左图所示。

步骤 04 选择黑色的圆角矩形，执行"效果>风格化>外发光"命令，打开"外发光"对话框，设置"模式"为"正常"、"不透明度"为"75%"、"模糊"为"10mm"。然后单击黑色方块，在弹出的"拾色器"对话框中设置RGB颜色，如下右图所示。

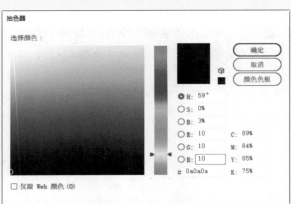

步骤 05 设置完成后，依次单击"确定"按钮，查看圆角矩形的外发光效果，如下左图所示。

步骤 06 复制渐变的圆角矩形，修改填充渐变色为：左侧滑块为灰色，右侧滑块为白色。设置其描边角度为"-45°"，将3个圆角矩形重叠放置，底层为第一次绘制的矩形，中间为黑色矩形，顶层为调整渐变后的矩形，如下右图所示。

步骤 07 绘制小一点的圆角矩形。同时选中刚创建的圆角矩形和顶层圆角矩形，单击顶层矩形，出现较粗的蓝边，设置为水平居中对齐，如下左图所示。

步骤 08 选中创建的圆角矩形并填充白色到黑色的渐变，如下右图所示。

步骤 09 设置创建的圆角矩形的描边为无，在"透明度"面板中设置模式为"滤色"、"不透明度"为"15%"，效果如下左图所示。

步骤 10 利用椭圆工具绘制半径为91.5mm的正圆，并设置渐变色"类型"为"线性"、"角度"为"900"，设置左侧滑块为白色、右侧滑块为浅灰色，效果如下右图所示。

步骤 11 继续绘制半径为87mm的正圆，放置到上一步绘制的圆的正上方。选中两个正圆，单击渐变圆，出现蓝色粗线，设置水平居中和垂直居中对齐，如下左图所示。

步骤 12 为创建的正圆设置渐变色，左侧滑块为浅灰色，右侧滑块为黑色。继续绘制半径为83mm的正圆，并对齐其他正圆，效果如下右图所示。

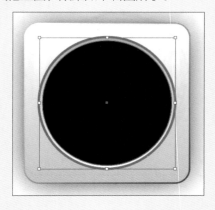 

步骤 13 选择刚绘制的正圆，打开"渐变"面板，设置0%位置滑块的RGB值为218、8、0，设置48%位置滑块的RGB值为208、0、0，设置100%位置滑块的RGB值为99、0、0，效果如下左图所示。

步骤 14 选择并复制上一步创建的圆形，按Ctrl+F组合键粘贴到当前位置，修改复制后正圆形的渐变色，如下右图所示。

 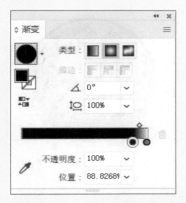

步骤 15 选择正圆，打开"透明度"面板，将其模式设为滤色，效果如下左图所示。

步骤 16 使用椭圆工具，绘制两个相交的椭圆，位置如下右图所示。

步骤 17 选中绘制的两个椭圆，打开"路径查找器"面板，单击"分割"按钮，如下左图所示。

步骤 18 右击绘制的椭圆，在快捷菜单中选择"取消编组"命令，删除多余的形状，效果如下右图所示。

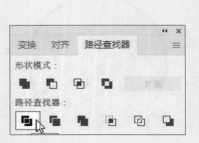

步骤 19 继续绘制椭圆，旋转调整其位置。将椭圆和月牙形状的图形选中，根据上两步的方法进行设置，效果如下左图所示。

步骤 20 选中上一步图形，设置不透视明度为"15%"。然后继续绘制正圆，颜色填充为白色，为了便于观察，设置不透明度为"50%"，效果如下右图所示。

步骤 21 继续绘制椭圆，将填充颜色设置为无，将描边粗细设置为"6pt"，复制两个椭圆并逐层缩小，效果如下左图所示。

步骤 22 选中复制的两个椭圆，执行"对象>扩展"命令，在弹出的"扩展"对话框中勾选"填充"和"描边"复选框，如下右图所示。

步骤 23 同时选中绘制的4个椭圆，打开"路径查找器"面板，单击"分割"按钮，并取消编组，将不需要的部分删除，效果如下左图所示。

步骤 24 使用钢笔工具绘制三条弧线，设置描边粗细为"6pt"，效果如下右图所示。

步骤 25 选择3个弧线，执行"对象>扩展"命令，在弹出的对话框中勾选"填充"和"描边"复选框，效果如下左图所示。

步骤 26 同时选中3个圆环和3段弧线，打开"路径查找器"面板，单击"分割"按钮，取消编组后删除不需要的部分，效果如下右图所示。

步骤 27 选择分割后图形上方的中间形状，设置描边为无。在打开的"渐变"面板中设置"类型"为"线性"、角度为"300"，设置左侧滑块为黑色、右侧滑块为白色，保持该区域为选中状态，在"透明度"面板中将混合模式设置为"滤色"，效果如下左图所示。

步骤 28 使用相同的方法绘制其他高光区域，并对绘制的图形编组。利用钢笔工具绘制下右图的形状。

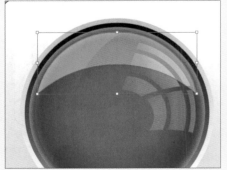

步骤 29 选择绘制的图形,对其填充白色到黑色的渐变色,并设置不透明度为"50%",混合模式设为"滤色",效果如下左图所示。

步骤 30 利用椭圆工具绘制半径为72mm的正圆,并设置填充渐变。然后利用渐变工具进行调整,效果如下右图所示。

步骤 31 选择正圆,设置透明度的混合模式为滤色,利用渐变工具逐渐调整。使用前面介绍的方法,再次制作按钮的反光部分,如下左图所示。

步骤 32 选择星形工具,按住Shift键和下方向键绘制正三角形,颜色填充为黑色,描边设置为无,如下右图所示。

步骤 33 将绘制的三角形顺时针旋转90°,设置不透明度为"40%",效果如下左图所示。

步骤 34 适当调整画面,至此,播放按钮图标设计完成,最终效果如下右图所示。

课后练习

一、选择题

（1）在Illustrator中绘制弧线时，按（　　　）键，可以绘制闭合的路径；按（　　　）键，可以绘制固定角度的弧线。

　　A. N、Shift
　　B. Shift、P
　　C. O、Ctrl
　　D. C、Shift

（2）在Illustrator中，按（　　　）组合键可以打开"渐变"面板。

　　A. Ctrl+F10
　　B. Ctrl+F9
　　C. Ctrl+F7
　　D. Ctrl+F8

（3）在Illustrator中，使用（　　　），可以复制对象的属性。

　　A. 渐变工具
　　B. 实时上色工具
　　C. 吸管工具
　　D. 直接选择工具

（4）执行"窗口>文字>段落"命令，或者按（　　　）组合键，可以打开"段落"面板。

　　A. Alt+Ctrl+T
　　B. Ctrl+T
　　C. Alt+Ctrl+M
　　D. Alt+T

二、填空题

（1）在Illustrator中，使用椭圆工具绘制图形时，按＿＿＿＿＿＿键可以绘制正圆形；按＿＿＿＿＿＿组合键可以绘制以单击点为中心的正圆形。

（2）要为实时上色组添加路径，则首先选择实时上色组和路径，然后单击控制栏中的＿＿＿＿＿＿按钮，或者执行＿＿＿＿＿＿命令。

（3）选中区域文本和形状，执行＿＿＿＿＿＿命令，可以创建文字绕排的效果。

三、上机题

　　本上机题将利用本章所学知识，制作牙膏包装盒。将使用到创建形状、上色、文字的创建等功能。下左图是使用吸管工具吸取颜色，下右图是牙膏包装盒的最终呈现效果。

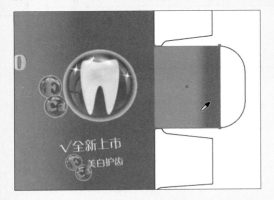
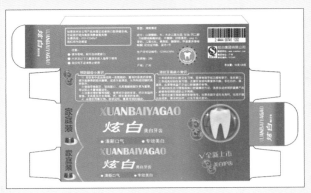

第4章　应用CorelDRAW进行矢量图形绘制

本章概述

CorelDRAW Graphics Suite是加拿大Corel公司出品的平面设计软件。随着不断发展的计算机技术在图形设计领域的深入应用，CorelDRAW作为专业的矢量绘图软件，具备了强大、全面的图形编辑处理优势，成为应用最为广泛的平面设计软件之一。

核心知识点

❶ 了解CorelDRAW的工作界面
❷ 掌握绘图工具的应用
❸ 掌握图形编辑的方法
❹ 掌握文本和表格的应用

4.1　CorelDRAW的工作界面

CorelDRAW的工作界面比较经典而实用，用户在使用时选择工具、使用面板或执行命令都很流畅、和谐，工作界面人性化。其工作界面由菜单栏、属性栏、标题栏、工具箱、常用工具栏、泊坞窗、调色板、绘图区域以及状态栏等组成，如下图所示。

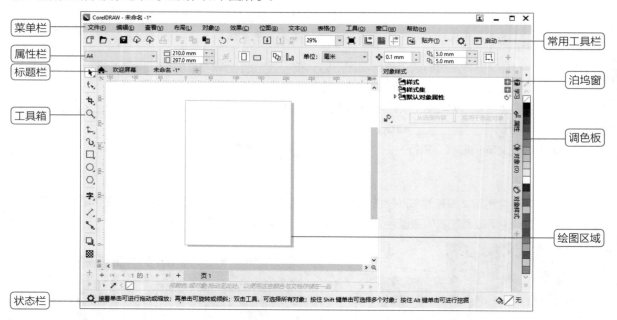

- **菜单栏**：菜单栏中的各个菜单控制并管理着整个界面的状态和图像处理的要素。在菜单栏上单击任一菜单，会弹出该菜单列表，菜单列表中有的命令包含箭头，把光标移至该命令上，可以弹出该命令的子菜单。
- **常用工具栏**：通过使用常用工具栏中的快捷按钮，可以简化用户的操作步骤，提高工作效率。
- **属性栏**：属性栏位于常用工具栏下方，包含了当前用户所使用的工具或所选择对象相关的可使用的功能选项，它的内容根据所选择的工具或对象的不同而不同。
- **泊坞窗**：泊坞窗也常被称为"面板"，是在编辑对象时所应用到的一些功能命令选项设置的面板。泊坞窗显示的内容并不固定，执行"窗口>泊坞窗"命令，在子菜单中可以选择需要打开的泊坞窗。

- **工具箱：**工具箱中集合了CorelDRAW的大部分工具，其中每个按钮都代表一个工具。有些工具按钮的右下角显示黑色的小三角，表示该工具中包含了相关系列的隐藏工具。
- **绘图区域：**绘图区用于图像的编辑，对象产生的变化会自动反映到绘图窗口中。
- **调色板：**在调色板中可以方便地为对象设置轮廓或填充颜色。单击调色板下方的折叠按钮 » ，可显示更多颜色。单击调色板中的向上 ∧ 或向下 ∨ 按钮，可以上下滚动调色板，以查询更多的颜色。
- **状态栏：**状态栏位于软件界面的最下方，显示了用户所选择对象的有关信息，比如对象的轮廓线色、填充色、对象所在图层等。

提示：选择工具

工具箱中的许多工具以组的形式隐藏在工具按钮右下角的小三角形中，在该工具上按住鼠标左键不放，即可弹出隐藏工具列表，拖拽出来可显示为固定的工具栏。要使用某种工具，用户直接单击工具箱中该工具按钮即可。

4.2　绘制图形

在矢量图的编辑处理中，绘制图形是最基本的应用。要学会绘制图形，首先要了解各种绘图工具的使用方法。本节主要介绍直线、曲线以及各种几何图形的绘制。

4.2.1　绘制直线和曲线

在CorelDRAW中，线条绘制包括直线绘制和曲线绘制。在工具箱中按住手绘工具按钮，在打开的工具组列表中可以看到用于绘制直线、折线、曲线，或由折线、曲线构成的矢量形状的工具，如右图所示。

（1）手绘工具

手绘工具可以用来自由地绘制曲线和直线线段，就像我们在纸上使用铅笔绘制一样。该工具有很强的自由性，并且在绘制过程中会自动对毛糙的边缘进行修复，使绘制的线条更加流畅自然。

在工具箱中选择手绘工具后，在该工具的属性栏中可以设置轮廓宽度、线条样式、起始箭头样式、终止箭头样式和手绘平滑等参数，如下图所示。

我们也可以在"属性"面板中设置更多的参数。执行"窗口>泊坞窗>属性"命令，打开"属性"面板，可以设置轮廓的颜色、角、线条的端头和位置等，如下页左上图所示。

使用手绘工具可以绘制直线、折线和曲线。设置相关参数后，在绘图区的空白处单击移动光标，确定另一点的位置后，再次单击鼠标左键，即可在两点之间形成一条直线。如果绘制折线，则确定起点位置后单击鼠标左键，接着在第二个点处双击形成一条直线，继续移动鼠标确定第三个点的位置再单击鼠标左键，即可绘制出折线。如果绘制曲线，则在绘图区按住鼠标左键不放进行拖拽，绘制完成后释放鼠标左键，在属性栏中可以调整"手绘平滑"的数值，对绘制的曲线进行平滑处理。下页右上图为绘制直线、折线和曲线的效果。

如果需要绘制水平或垂直的直线，则在移动鼠标的同时按住Shift键进行绘制即可。

（2）贝塞尔工具

贝塞尔工具是创建复杂而精确图形最常用的工具之一，可以创建非常精确的直线和对称流畅的曲线。绘制完成后，用户可以通过节点进行曲线和直线的修改。

使用贝塞尔工具绘制直线比较简单，直接通过单击的方式即可绘制连接两点的直线。用户也可以通过绘制直线的方法绘制闭合的图形，还可以填充颜色。

使用贝塞尔工具在绘图区单击鼠标左键并拖拽，确定绘制曲线的起始节点。此时节点两端出现蓝色带箭头的控制线，节点以蓝色方块显示，移动光标至下一个位置，单击鼠标左键并拖拽，调整曲线的形状，如下左图所示。根据相同的方法再确定下个点，最后按Enter键结束绘制。

曲线绘制完成后，经常需要进一步调整外观，此时使用形状工具选择绘制的曲线，通过移动控制点、调整弧度即可，如下右图所示。

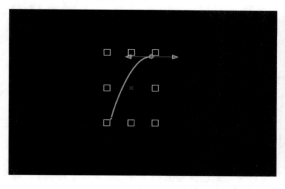
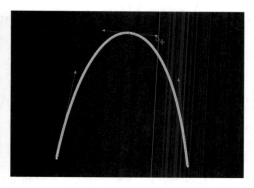

在工具箱中选择形状工具后，单击曲线线段，出现黑色小点表示已经选中了。然后单击属性栏中"转换为线条"按钮，选中的曲线将变为直线，如右图所示。除此之外，选中曲线并单击鼠标右键，在快捷菜单中选择"到直线"命令，也可以将曲线变为直线。

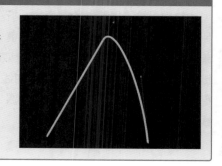

（3）钢笔工具

钢笔工具和贝塞尔工具的使用方法相似，都是通过节点连接绘制直线或曲线的，它是用户实际工作中经常使用的工具之一。在工具箱中单击钢笔工具按钮，其属性栏如下图所示。

钢笔工具属性栏中各主要参数的含义介绍如下。

● **预览模式** ：单击该按钮，在确定下一节点前自动生成一条预览当前曲线形状的划线，否则不显示预览的蓝线。

● **自动添加或删除节点** ：单击该按钮，将光标移至曲线上并单击鼠标左键，即可添加节点。若移至节点上单击鼠标左键，则删除选中的节点。

● **轮廓宽度** ：可在数值框中输入数值或在列表中选择进行轮廓设置的宽度值选项。设置轮廓宽度值为"36.0pt"时，效果如下左图所示。

● **起始箭头** ：单击该按钮，在列表中为起始点设置合适的箭头，效果如下中图所示。

● **线条样式** ：设置线条或轮廓的样式，单击该按钮，在列表中选择线条样式，效果如下右图所示。

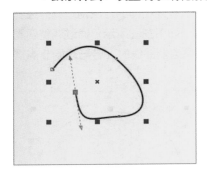
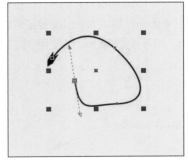
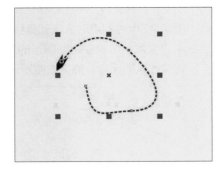

● **终止箭头** ：在列表中设置终止点的箭头样式，效果如下左图所示。

● **闭合曲线** ：若绘制开放的曲线，单击该按钮可使直线连接起始点和结束点，效果如下右图所示。

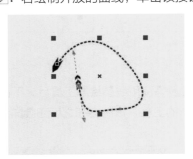
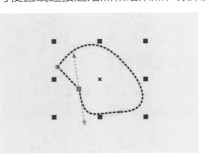

打开CorelDRAW应用程序，在工具箱中选择钢笔工具，光标变为钢笔形状时移至绘图区，单击鼠标左键确定起始节点，接着移动光标至结束点位置并单击鼠标左键，按Enter键结束绘制，如下左图所示。若要绘制曲线，可以使用钢笔工具在绘图区单击确定起始节点，将光标移至下一节点，按住鼠标左键不放拖拽控制线，调整曲线的弧度，按Enter键结束，如下右图所示。

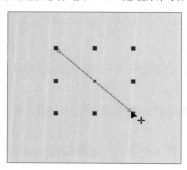 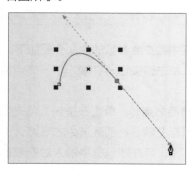

（4）B样条工具

B样条工具通过创建控制点的方式绘制曲线，3个控制点之间形成的夹角影响曲线的弧度。单击工具箱中B样条工具按钮，将光标移至绘图区，单击鼠标左键创建第1个控制点。按照相同的方法创建其他控制点，创建第3个控制点时会出现弧线，双击鼠标左键或按Enter键结束绘制，如下左图所示。通过调整四周控制点的位置，可改变绘制图形的形状，如下中图所示。在使用B样条工具绘制曲线时，若与起始节点重合，则曲线自动闭合，如下右图所示。

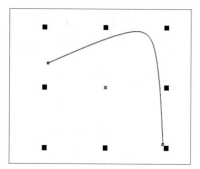 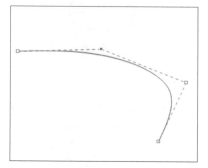 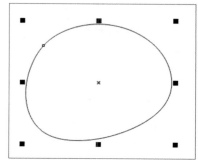

实战练习 绘制日出插画

学习了手绘工具、贝塞尔工具、钢笔工具和B样条工具等常用线条绘制工具后，下面以绘制日出插画为例，介绍线条绘制工具的具体应用。本案例还涉及图形的上色，该内容在之后还会详细介绍。本案例的具体实现步骤如下。

步骤01 新建"宽度"为"300mm"、"高度"为"200mm"的文档，使用矩形工具绘制和文档等大的矩形，并在"属性"泊坞窗中设置填充颜色，设置无描边，效果如右图所示。

步骤 02 使用手绘工具，在绘图区右下角绘制近
处山的闭合图形，设置填充色为黑色，效果如右图
所示。

步骤 03 同样使用手绘工具在绘图区下方绘制稍远点的山。线条不需要太平滑，因为近处的山看得稍
清楚点是有很多不平滑的地方，如下左图所示。

步骤 04 使用贝塞尔工具绘制稍远点的山。远处的山会失去很多细节，所以可以绘制光滑点的山峰，
如下右图所示。

提示：调整各图形的顺序

在CorelDRAW中绘制图形时，后绘制的图形会覆盖住之
前的图形。如果要调整图形的显示顺序，则右击图形，在
快捷菜单中选择"顺序"命令，在子菜单中选择相应的命
令即可，如右图所示。

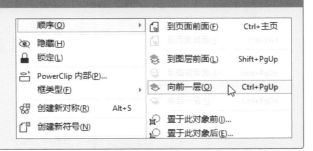

步骤 05 根据相同的方法再绘制远处的山，并设
置颜色越来越浅，而且越来越平滑，如右图所示。

步骤 06 在工具箱中选择椭圆形工具，按住Ctrl键绘制正圆形，并填充颜色。然后多复制几个正圆形，调整大小和颜色，最终效果如右图所示。

4.2.2 绘制几何图形

利用CorelDRAW软件提供的几种绘图工具，可以非常方便地绘制基本几何图形，比如矩形工具、椭圆形工具、多边形工具、星形工具和螺纹工具等。用户选择相应的工具后在绘图区进行绘画，然后在属性栏中进行适当地调整，其操作比较简单，而且非常实用。

（1）绘制矩形

使用CorelDRAW工具箱中的矩形工具和3点矩形工具，可以绘制矩形。使用这两种工具还可以绘制出长方形、正方形、扇形以及圆角矩形等图形。

矩形工具是通过拖拽对角线来快速绘制矩形。单击工具箱中的矩形工具按钮，将光标移至绘图区，按住鼠标左键向对角方向进行拖拽，拖动至合适位置释放鼠标，即可绘制矩形，如下左图所示。如果按Ctrl键不放并拖拽鼠标左键，可以绘制一个正方形，如下右图所示。

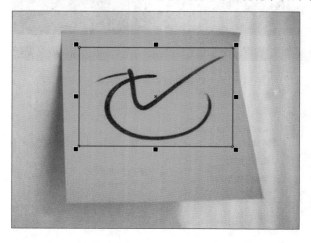 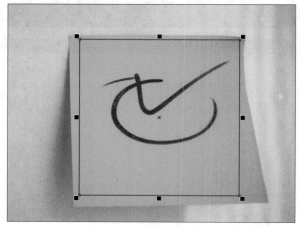

矩形工具的属性栏，如下图所示。下面对各主要选项的含义进行介绍。

- 圆角▢：激活该按钮，通过设置转角半径，可以将直角变为弯曲的圆弧角，如下页上左图所示。
- 扇形角▢：激活该按钮，可以将角变为与扇形相切的角，形成曲线角，如下页上中图所示。
- 倒棱角▢：激活该按钮，可以将直角替换为直边，如下页上右图所示。

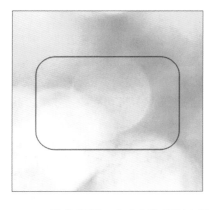 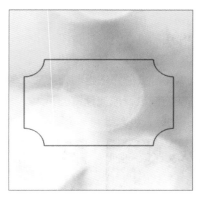 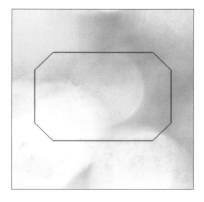

- **转角半径：** 在4个数值框中输入数值，可以分别设置4个边角样式的平滑度。
- **同时编辑所有角：** 激活该按钮，在4个数值框的任意一个数值框中输入数值，其他3个数值会自动设置相同的数值。若取消激活该按钮，可分别设置转角的半径。设置左上角为"30"、左下角为"10"、右上角为"10"、右下角为"20"，效果如下左图所示。
- **相对角缩放** ：激活该按钮，缩放图形时，转角半径会随之改变；若未激活，则不变。
- **轮廓宽度：** 设置矩形边框的宽度，默认值为"0.5pt"。
- **转换为曲线** ：激活该按钮，单击曲线后可以进行添加节点和自由变换等操作，如下右图所示。

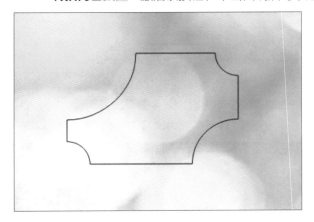 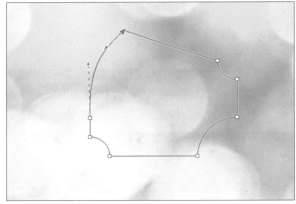

3点矩形工具是通过确定3个点的位置，以指定的高度和宽度绘制矩形。单击工具箱中的3点矩形工具按钮，然后在绘图区空白处单击确定起始点，按住鼠标左键拖拽至合适位置，释放鼠标确定一条边，如下左图所示。然后移动光标确定矩形的另外一条边，单击鼠标左键完成绘制，效果如下右图所示。

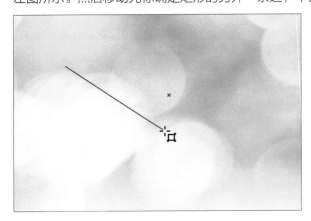 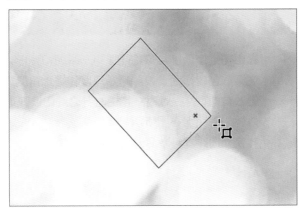

（2）绘制椭圆

在CorelDRAW中除了矩形这种常用的基本图形外，还有另外一种常用的基本图形，即椭圆形。常用于绘制椭圆的工具包括椭圆形工具和3点椭圆形工具，这两种工具的使用方法和矩形工具的用法基本一样。

椭圆形工具和矩形工具一样，以斜角拖拽的方法绘制椭圆形。单击工具箱中的椭圆形工具按钮，将光标移到绘图区，按住鼠标左键以对角的方向进行拖拽预览圆弧大小，确定后释放鼠标即可完成，效果如下左图所示。在绘制椭圆形时，若按住Ctrl键，可以绘制一个正圆形，如下右图所示。

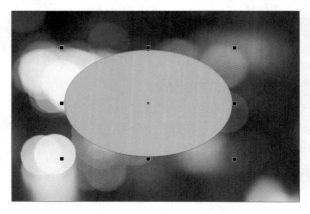 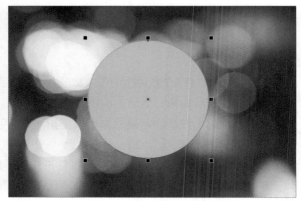

椭圆形工具的属性栏，如下图所示。下面对各主要选项的含义进行介绍。

- **椭圆形**：激活该按钮，在绘图区域可以绘制椭圆形。
- **饼图**：激活该按钮，可以绘制饼图，或是将已有的椭圆形变为饼图，效果如下左图所示。
- **弧**：激活该按钮，可以绘制弧形，或是将已有的椭圆形变为弧形，效果如下右图所示。

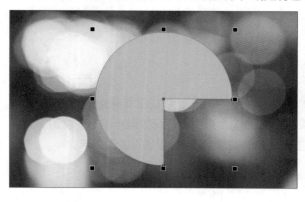 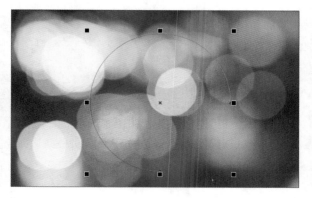

- **起始和结束角度**：该功能适用于饼图和弧形，设置断开位置的起始角度和终止角度，范围在0～360之间。创建饼图，设置起始角度和终止角度为30和270，效果如下页上左图所示。
- **更改方向**：在顺时针和逆时针之间切换弧形或饼图的方向，选中下页上左图的饼图，单击该按钮，效果如下页上右图所示。
- **转换为曲线**：激活该按钮，可以使用形状工具修改对象。

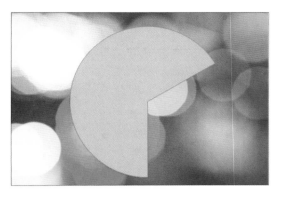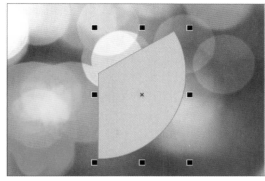

3点椭圆形工具和3点矩形工具绘图原理相同，都是通过3个点来确定图形，3点椭圆形工具是通过高度和直径长度确定一个椭圆形。

（3）绘制多边形

多边形工具可以绘制3条或3条以上边的多边形，用户可以自定义边数。选择工具箱中的多边形工具，在绘图区按住鼠标左键进行拖拽，预览绘制效果，满意后释放鼠标即可，默认为五边形，如下左图所示。选中多边形，在属性栏中"点数或边数"数值框中输入"6"，效果如下右图所示。

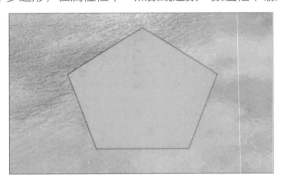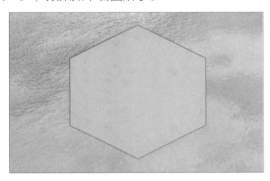

提示：多边形边数的设置

"点数或边数"数值框用于多边形的边数设置，范围为3~500，边数越多，多边形越接近圆形。

（4）绘制螺纹

使用螺纹工具可以绘制螺纹图形。单击工具箱中的螺纹工具按钮，在属性栏中设置螺纹回圈数量，在绘图区按住鼠标左键进行拖拽，满意后释放鼠标即可，如下左图所示。如果按住Ctrl键进行拖拽，则绘制出一个正圆形的螺纹，如下右图所示。

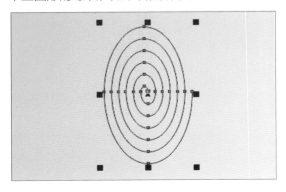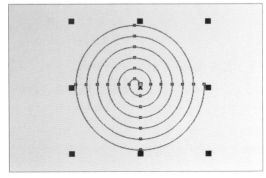

选择工具箱中的螺纹工具，其属性栏如下图所示。下面对各主要选项的含义进行介绍。

● **螺纹回圈**：设置新的螺纹对象，显示完整的圆形回圈，设置范围为1～100。当设置数值为1和10时，效果分别如下左图、下右图所示。

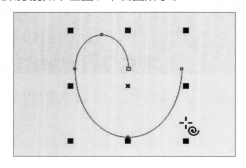
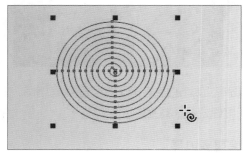

● **对称式螺纹**：激活该按钮，螺纹的回圈间距是均匀的，如下左图所示。
● **对数螺纹**：激活该按钮，对新的螺纹对象应用紧密的螺纹间距，如下右图所示。

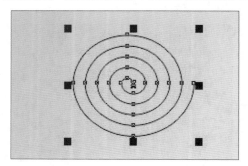
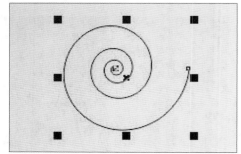

● **螺纹扩展参数**：用户可以在数值框中设置对数螺纹向外扩展的速率。最小值为1，表示均匀显示；最大值为100，表示间距内圈最小外圈最大。当数值为100时，效果如下左图所示。
● **闭合曲线**：激活该按钮，结合或分离曲线的末端节点，如下右图所示。

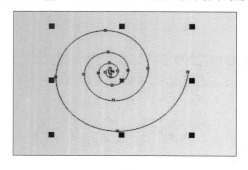
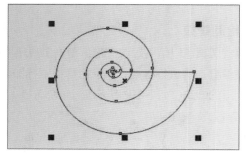

（5）绘制常见形状

CorelDRAW为了方便用户使用，对工具箱中一些常用的形状进行编组。常见形状工具包括基本形状、箭头形状、流程图形状、条幅形状和标注形状，共5大块。

绘制方法比较简单，在工具箱中选择常见的形状工具，在属性栏中单击"常见"形状按钮，在列表中选择需要的形状，在绘图区按住鼠标左键拖拽即可。

4.3 编辑图形

绘制完图形后，还要使用相关工具进行图形编辑，才能达到特殊的效果。本节主要介绍图形修饰工具的应用，例如形状工具、涂抹工具和裁剪工具等。

4.3.1 图形修饰工具

图形修饰工具是对绘制完成的形状做进一步修改，如调整外观、平滑、涂抹等，下面介绍各工具的应用。

（1）形状工具

在使用形状工具对曲线对象进行编辑时，可以全方位地对节点进行操作。只有将图形转换为曲线后，才能激活形状工具在属性栏中的按钮。形状工具的属性栏，如下图所示。

形状工具属性栏中各参数的含义介绍如下。

- **选择模式**矩形：单击该下三角按钮，在列表中选择选取节点的模式，包括矩形和手绘两种。
- **添加节点**：单击该按钮，在选中节点左侧中间的位置添加节点。
- **删除节点**：单击该按钮，删除选中的节点。若删除所有节点，将使曲线更平滑。
- **连接两个节点**：连接开放路径的起点和终点，从而创建闭合的路径。
- **断开曲线**：单击该按钮，断开闭合或开放对象的路径。
- **转换为线条**：单击该按钮，将曲线转换为直线。
- **转换为曲线**：将直线转换为曲线，可以通过控制柄调整曲线的形状。
- **尖突节点**：通过将节点转换为尖突，在曲线上创建一个锐角。
- **平滑节点**：将节点转换为平滑节点，从而提高曲线的平滑度。
- **对称节点**：将同一曲线形状应用至节点两侧。
- **反转方向**：将开始节点和结束节点反转。
- **提取子路径**：在对象中提取其子路径，创建两个独立的对象。
- **延长曲线使之闭合**：使用直线连接起始点和结束点，使之闭合。
- **闭合曲线**：结合或分离曲线的末端节点。
- **延展与缩放节点**：延展与缩放曲线对象。
- **旋转与倾斜节点**：旋转与倾斜曲线对象。
- **对齐节点**：水平、垂直或以控制柄来对齐节点。
- **水平反射节点**：编辑对象中水平镜像的相应节点。
- **垂直反射节点**：编辑对象中垂直镜像的相应节点。
- **弹性模式**：为曲线创建另一种形状。
- **选择所有节点**：单击该按钮，选中曲线中的所有节点。
- **减少节点**：通过删除曲线中的节点，改变曲线的平滑度。
- **曲线平滑度**：通过更改节点数量，调整曲线的平滑度。

（2）平滑工具

使用平滑工具在对象的轮廓处拖动，可以使对象变得更平滑。在工具箱中长按形状工具按钮，在列表中选择平滑工具，并在其属性栏中设置笔尖半径为"40"、速度为"100"，将光标移至对象的轮廓上，如下左图所示。在轮廓处按住鼠标左键来回拖动，可见树叶轮廓变平滑了，如下右图所示。

 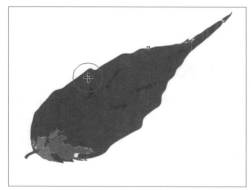

（3）涂抹工具

涂抹工具通过在矢量对象的边缘处进行拖拽，使对象出现变形效果。在工具箱中单击涂抹工具按钮，选中矢量对象，激活涂抹工具属性栏，如下图所示。

涂抹工具属性栏中各主要选项的含义介绍如下。

- **笔尖半径** ⊖ 100.0" ：在数值框中设置笔尖半径的大小。
- **压力** ⊖ 100.0" ：在数值框中设置效果的强度。
- **平滑涂抹** ：单击该按钮，使对象的轮廓更平滑，效果如下左图所示。
- **尖状涂抹** ：单击该按钮，使对象的轮廓变成带有尖角的曲线，效果如下右图所示。
- **笔压** ：绘图时，运用数字笔或写字板的压力控制效果。

（4）转动工具

转动工具可以在矢量对象上添加顺时针或逆时针的旋转效果。在工具箱中单击涂抹工具按钮，选中矢量对象，激活转动工具属性栏，如下图所示。

转动工具属性栏中各主要选项的含义介绍如下。

- **速度**：设置应用转动效果的速度。
- **逆时针转动**○：设置转动对象时按逆时针转动。
- **顺时针转动**○：设置转动对象时按顺时针转动。

（5）粗糙工具

粗糙工具可以使平滑的矢量线条变得粗糙。单击工具箱中的粗糙工具按钮，其属性栏如下图所示。

粗糙工具属性栏中各主要选项的含义介绍如下。

- **尖突的频率** ：通过设置固定值，更改粗糙区域的尖突频率，其频率范围为1~10。当设置尖突频率为1时，效果如下左图所示。当设置尖突频率为10时，效果如下右图所示。
- **干燥** ：设置相应的数值，更改粗糙区域的尖突数量。
- **笔倾斜** ：设置数值框中的数据，通过为涂抹工具指定固定角度，更改涂抹效果的形状。笔倾斜数值范围为0~90度。
- **尖突方向**：更改粗化尖突的方向。
- **笔方位**：将尖突方向设为"自动"后，为方位设定固定值。

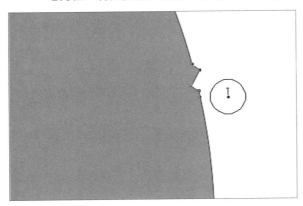 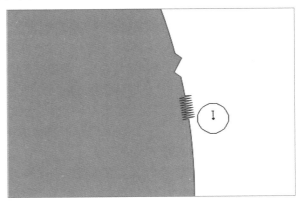

4.3.2 图像裁剪工具

裁剪工具组包括裁剪、刻刀、虚拟段删除和橡皮擦工具，使用这些工具可以对图像或图形进行裁剪操作，下面介绍各工具的使用方法。

（1）裁剪工具

使用裁剪工具可以将对象或导入的图像中不需要的部分裁剪掉。使用时先绘制一个裁剪的范围，然后将范围之外的部分清除。

选择工具箱中的裁剪工具，在绘图区按住鼠标左键并拖动，绘制一个裁剪框，如下左图所示。调整裁剪框控制点，然后按Enter键，即可裁剪出范围内的图像，如下中图所示。

绘制裁剪框后，用户还可以调整其旋转角度，即在属性栏的"旋转角度"数值框中输入角度，或者再次单击裁剪框，控制点变为双向箭头，拖动旋转控制点至合适角度后释放鼠标左键，按Enter键确认操作，如下右图所示。

（2）刻刀工具

使用刻刀工具可以将对象边缘沿直线或曲线拆分为两个独立的对象。单击工具箱中的刻刀工具按钮，其属性栏如下图所示。

刻刀工具属性栏中各主要选项的含义介绍如下。

- **2点线模式**：单击该按钮，沿直线切割对象。
- **手绘模式**：单击该按钮，沿手绘曲线切割对象。
- **贝塞尔模式**：沿贝塞尔曲线切割对象。
- **剪切时自动闭合**：闭合分割对象形成的路径。
- **手绘平滑**：创建手绘曲线时调整其平滑度。
- **剪切跨度**：选择后沿着宽度为0的线拆分对象，在新对象间创建间隙，从而使新对象重叠。
- **宽度**：设置新对象之间的间隙或重叠。
- **轮廓选项**：选择在拆分对象时要将轮廓转换为曲线或保留轮廓，还可以让应用程序选择能最好地保留轮廓外观的选项。

在工具箱中选择刻刀工具，在属性栏中设置剪切跨度为"间隙"、宽度值为"5"，将光标移至需要剪切的起点，然后拖拽鼠标左键至剪切的终点释放鼠标，可见图形被剪切为两部分了，如下页上左图所示。使用选择工具选中被剪切的部分，按住鼠标左键拖拽，便可将其移动，如下页上右图所示。

　　刻刀工具不仅可以对位图和矢量图进行分割，还可以根据属性栏中的手绘模式和贝塞尔模式进行曲线分割。当对矢量图进行分割时，会吸附在连接的轮廓线上，如下左图所示。下右图是使用手绘模式分割矢量图的效果。

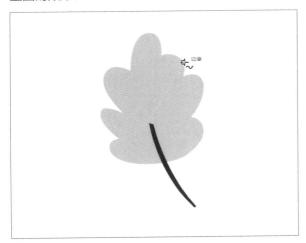 

（3）橡皮擦工具

　　橡皮擦工具可以擦除位图或矢量图中不需要的部分，擦除部分区域内将显示下层图层的内容。选中橡皮擦工具，其属性栏如下图所示。

　　橡皮擦工具属性栏中各主要选项的含义介绍如下。
- **形状组**：为橡皮擦选择笔尖的形状，包括圆形和方形。
- **橡皮擦厚度** ⊖ 10.0° ：在数值框中输入数值，可调整橡皮擦尖头的厚度。
- **笔压** ：运用数字笔或笔触的压力控制效果，在擦除图像区域时改变笔尖的大小。
- **减少节点** ：单击该按钮，可以减少擦除区域的节点数。

　　在 CorelDRAW 中先导入一张背景图片，再导入 png 格式的图片。使用选择工具选中 png 格式的图像，单击工具箱中橡皮擦工具按钮，在图像上方单击鼠标左键确定起始点，移至光标出现一条虚线，如下页上左图所示。移至终点，单击鼠标左键即可擦除，擦除区域内将显示下一层背景图片的内容，如下页上右图所示。

除此之外，我们也可以按住鼠标左键在图像或图形上滑动，光标经过的位置将被擦除，释放鼠标左键即可结束。

（4）虚拟段删除工具

使用虚拟段删除工具可以删除图形中不需要的线段。

在绘图区绘制细长的椭圆形，设置无填充色、描边为青色。复制椭圆形，设置旋转的角度以300的倍数进行旋转，调整位置后，效果如下左图所示。选中工具箱中的虚拟段删除工具，光标变为 ✓ 形状时，移至需要删除的线段上，此时光标变为 ✔ 形状，单击鼠标左键即可删除选中的线段，如下右图所示。

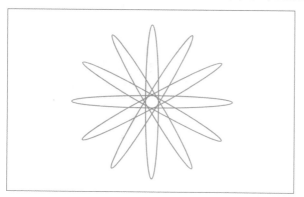 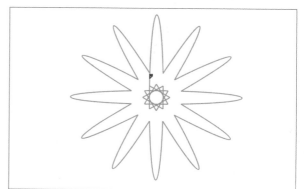

4.4 图形填充

图形绘制完成后，用户还需要为图形设置颜色，使作品具有真实感，更富有色彩。矢量图形可设置的部分主要包括填充与轮廓。填充指路径内部的填充颜色，可以是纯色填充，也可以是渐变填充或图案填充。

4.4.1 交互式填充工具

交互式填充工具可以为图形设置各种各样的填充效果，它包含几乎所有的填充类型，比如均匀填充、渐变填充、向量图样填充、位图图样填充以及双色图样填充等。

交互式填充工具的属性栏，如下图所示。其属性栏根据所选的填充类型不同而变化。

在交互式填充工具的属性栏中，左侧8个图标表示8种填充类型。最右侧图标为"复制填充"，可以将文档中其他对象的填充方式复制到选定对象上。选定图形后，单击该按钮，光标变为向右的箭头，在其他对象上单击，如下左图所示。即可复制填充到选定图形，效果如下右图所示。

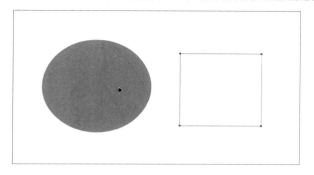 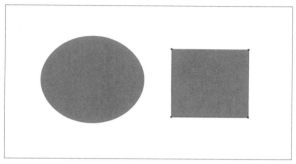

交互式填充工具属性栏中各主要选项的含义介绍如下。

- **无填充**：选择对象后，单击"无填充"按钮，可以将对象中的填充清除。
- **均匀填充**：在封闭的图形内填充单一颜色。使用选择工具选中对象，选择工具箱中的交互式填充工具，在属性栏中单击"均匀填充"按钮后，单击"填充色"下三角按钮，在打开的颜色面板中选择合适的颜色填充选中的对象。
- **渐变填充**：使用两种或两种以上颜色过渡填充。渐变填充属性栏如下图所示。在属性栏中可以设置渐变的类型、节点的颜色、透明度和位置等参数。

- **向量图样填充**：用于将大量重复的矢量图案以拼贴的方式填充至对象中。选择交互式填充工具，单击属性栏中"向量图样填充"按钮，其属性栏如下图所示。

使用向量图样填充，可以填充属性栏中"填充挑选器"列表中的图样，下左图为填充"糖果圆点"的效果。

如果用户需要填充自己设计的填充图案，首先确保文件是CDR格式的，然后选中填充对象，单击属性栏中"编辑填充"按钮，打开"编辑填充"对话框，单击"选择"按钮，如下右图所示。

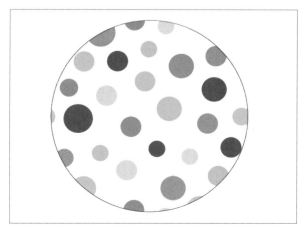 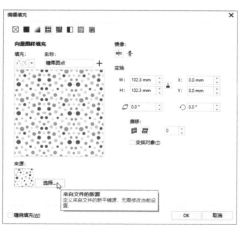

打开"导入"对话框，选择"秋天的树叶.cdr"文件，单击"导入"按钮，如下左图所示。返回到"编辑填充"对话框中，此时可以在绘图区预览填充的效果，如下右图所示。

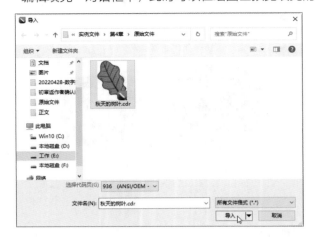
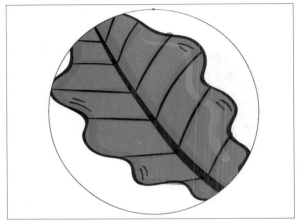

可以看到圆形中的树叶显示不全，这是因为圆形较小，树叶的图形较大导致的。在"编辑填充"对话框的"变换"区域可以设置填充图形的大小，将"W"修改为"20mm"，单击"OK"按钮，如下左图所示。除此之外，在对话框中还可以设置X和Y的坐标值、倾斜角度、旋转角度等。圆形中的树叶以水平对称的方式进行填充，如下右图所示。

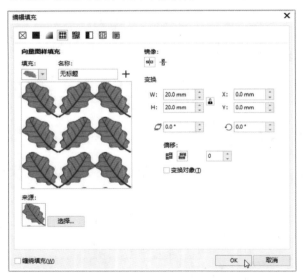
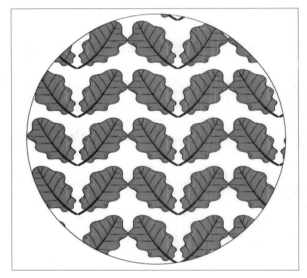

- **位图图样填充**：将位图对象作为图样填充至矢量图中。其操作方法和向量图样填充一致，此处不再赘述。
- **双色图样填充**：可以在预设列表中选择一种图案，然后设置前景色和背景色来改变图案的效果。
- **底纹填充**：使用预设纹理填充图形。

4.4.2 智能填充工具

智能填充工具可以对单个闭合的图形进行填充，也可对多个叠加图形的交叉区域填充颜色，使填充区域形成独立的新图形。在工具箱中选择智能填充工具，即可显示其属性栏，如下图所示。

智能填充工具属性栏中各主要选项的含义介绍如下。

- **填充选项**：设置填充的状态，单击下三角按钮，下拉列表中包含"默认值""指定"和"无填充"选项。
- **填充色**■▼：设置填充的颜色，可以在列表中选择颜色，也可以自定义颜色。
- **轮廓**▣：设置填充对象的轮廓填充。
- **轮廓宽度** 0.5 pt ：在数值框中设置填充对象的轮廓宽度。
- **轮廓色**：在列表中设置填充对象时轮廓的颜色。

使用智能填充工具填充对象时，只需要在智能填充工具的属性栏中设置填充颜色和描边，然后单击需要填充的对象即可。智能填充工具和填充工具有什么区别呢？智能填充工具是不会破坏原图形的填充，被填充的图形是独立的新图形。下图的左侧为填充位图的矩形，当使用智能填充工具为该图填充橙色后，使用选择工具移走新图形后，可见原图形不变。

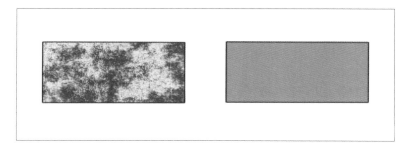

4.4.3 网状填充工具

网状填充工具可以设置不同的网格数量和调节点位置，填充不同颜色并能创建任何方向平滑的颜色过渡，从而产生特殊的填充效果。选中工具箱中的网状填充工具，其属性栏如下图所示。

网状填充工具属性栏中各主要选项的含义介绍如下。

- **网格大小**▦⫶：设置网状填充网格的行数和列数。
- **选取模式** 矩形 ▼：单击该按钮，在列表中选择选取框的模式，包括"矩形"和"手绘"两种。
- **添加交叉点**▦：单击该按钮，在网状填充网格中添加交叉点。
- **删除节点**▦：单击该按钮，删除选中的节点，改变曲线的形状。
- **转换为线条**／：将曲线段转换为直线。
- **转换为曲线**：将线段转换为曲线，可通过控制柄更改曲线形状。
- **对网状填充颜色进行取样**✐：单击该按钮，对需要应用于选定节点的颜色进行取样。
- **网状填充颜色**▢▼：单击该下三角按钮，为选定的节点选择颜色。
- **透明度**▩□ + ：设置所选节点的透明度，单击下三角按钮，拖拽滑块即可设置透明度。

- **平滑网状颜色** 🖺：单击该按钮，减少网状填充中的硬边缘。
- **清除网状** 🗺：单击该按钮，移除对象中的网状填充。

选中需要填充的对象，选择工具箱中的网状填充工具，拖拽鼠标左键选中对象上的所有节点，如下左图所示。设置网状填充颜色，可对选中的对象均匀填充颜色。将光标移至对象的某区域并单击鼠标左键，然后设置网状填充颜色为红色，可在该区域应用红色，在区域边缘颜色有过渡，如下中图所示。按照相同的方法，在对象不同区域内填充不同的颜色，如下右图所示。

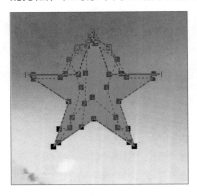 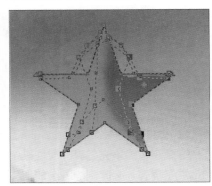 

4.4.4 滴管工具

使用滴管工具可以吸取颜色或属性并应用到指定的对象上。滴管工具包括颜色滴管工具和属性滴管工具，可以复制对象的颜色和属性。

（1）颜色滴管工具

颜色滴管工具可以在对象上进行颜色取样，然后应用至指定对象上。单击工具箱中的颜色滴管工具按钮，其属性栏如下图所示。

颜色滴管工具属性栏中各主要选项的含义介绍如下。

- **选择颜色** 🖋：单击该按钮，设置网状填充网格的行数和列数。
- **像素区域**：设置平均颜色的取样范围，包括单像素、2×2、5×5。
- **从桌面选择** 从桌面选择：单击该按钮，可以对应用程序外的颜色取样。
- **应用颜色** ◇：单击该按钮，将取样的颜色应用到其他对象上。
- **添加到调色板** 添加到调色板 ▾：单击该按钮，将取样的颜色添加到文档调色板或调色板中。

打开CorelDRAW软件，在绘图区绘制好图形。选择颜色滴管工具，此时光标变为吸管形状，在绘图区进行颜色取样，如下页上左图所示。光标变为油漆桶形状，选中图形中需要填充颜色的区域，油漆桶下方出现无边框的正方形时，单击鼠标左键即可填充吸取的颜色，如下页上中图所示。若需要对图形对象的轮廓进行填充，选取颜色后，将光标移至图形的边框上，油漆桶下方出现带边框的正方形，单击鼠标左键，即可填充图形的轮廓，如下页上右图所示。

（2）属性滴管工具

属性滴管工具可以复制对象的属性，并将该属性应用至指定
对象上。单击工具箱中的属性滴管工具按钮，其属性栏如右图
所示。

属性滴管工具属性栏中各主要选项的含义介绍如下。

- **属性** 属性 ▾：选择取样的属性，单击该下三角按钮，在列表
  中勾选相应的复选框，如右侧左图所示。
- **变换** 变换 ▾：设置变换的取样对象，单击下三角按钮，在列
  表中勾选相应的复选框，如右侧右图所示。
- **效果** 效果 ▾：选择要取样的对象效果。

> **提示：属性滴管工具的使用方法**
>
> 在属性栏中分别单击"属性""变换"和"效果"的下三角按钮，在列表中勾选相应复选框，表示滴管工具所能吸取的信息
> 范围，未被勾选的复选框对应的信息将不能被吸取。

4.5 文本和表格

在CorelDRAW中设计作品时，文字和表格是很重要的部分。用户可以根据需要创建丰富多彩的文字
效果，也可以制作更具说服力的表格。

4.5.1 文本的应用

文字是信息交流的重要沟通手段，是平面设计或图像处理中不可或缺的元素之一。在使用CorelDRAW
进行图形图像处理时，适当添加文本内容可达到图文并茂的效果。

（1）文本工具

在CorelDRAW中，输入文本时需要使用工具箱中的文本工具，在文本工具的属性栏中可以对文本的
格式进行设置。单击工具箱中的文本工具按钮，可显示文本工具的属性栏，如下图所示。

文本工具属性栏中各主要参数的含义介绍如下。

- **水平镜像 ◱ 和垂直镜像 ◳**：单击对应的按钮，可将选中的文字进行水平或垂直方向的镜像调整。
- **字体列表**：单击下拉按钮，在打开的列表中选择文字的字体，即可为选中的文本应用该字体。
- **字体大小**：在下拉列表中选择字号或在数值框中输入数值，从而调整文字的大小。
- **字体效果**：从左到右依次为粗体、斜体和下划线，根据需要单击相应的按钮，即可应用相应的样式，再次单击该按钮即可取消应用。
- **文本对齐 ▤**：单击该按钮，下拉列表中包括无、左、居中、右、全部调整和强制调整等几种对齐方式，选择相应的选项即可调整文本的对齐方式。
- **项目符号列表 ▤**：在输入段落文本后激活该按钮，单击该按钮可为选中文本添加项目符号，再次单击该按钮即可取消项目符号。
- **首字下沉 ▦**：在输入段落文本后激活该按钮，单击该按钮可显示首字下沉的效果，再次单击该按钮即可取消其应用。
- **文本属性 ▴**：单击该按钮打开"文本属性"泊坞窗，可对文字的属性进行调整。
- **编辑文本 ab**：单击该按钮打开"编辑文本"对话框，在对话框中可以输入文字，也可以设置文字的大小、字体和属性。
- **文本方向 ▤ ▥**：从左至右的按钮为将文本更改为水平方向和垂直方向，单击相应的按钮可调整选中的文字方向。
- **交互式OpenType ⊘**：当某种OpenType功能用于选定的文本时，在屏幕上显示指示。

使用文本工具可以创建点文字、段落文本和路径文本，其操作方法和在Illustrator中的创建方法一致，我们可以参照3.4.1节的相关内容。

（2）编辑文本

使用形状工具调整文本，可以对每个文字进行编辑，比如间距、格式和大小等。使用形状工具选择文本时，每个文字的左下角会出现一个白色的小方块，这些小方块被称为控制节点。单击白色小方块时，控制节点变为黑色，用户即可在属性栏中对选中的文字进行编辑，包括设置字体、字号、偏移以及文字的角度等，如下左图所示。选中某字符下的角控制节点，按住鼠标左键进行拖拽，调整该字符的位置，如下右图所示。

要想对更改旋转角度的文字进行恢复操作，则使用形状工具选中需要矫正的文本，如下左图所示。执行"文本>矫正文本"命令，选中的文字恢复旋转前的效果，如下右图所示。

文本是一种特殊的矢量对象，虽然可以更改属性，但是不能直接调整文本的形状。将文本转换为曲线，然后再进行变形操作，在一定程度上扩充了文本的编辑操作，可以为文本制作出特殊的效果。

首先选中文本，单击鼠标右键，在快捷菜单中选择"转换为曲线"命令，即可将文本转换为曲线，选中的文字上将出现节点，如右图所示。

使用形状工具对节点进行拖拽，调整文本的形状，制作特殊的效果，如右图所示。

提示：设置字体和段落

如果要设置文本的格式或者段落格式，用户可以在菜单样中执行"窗口>泊坞窗>文本"命令，在打开的"文本"面板中可以设置文本或段落格式。

4.5.2 表格的应用

表格在日常工作生活中应用比较广泛，很多软件都有表格功能，CorelDRAW也不例外。用户可以使用表格清晰地展示数据，还可以将表格应用到设计作品中。

下面通过制作"双十二期间，各品牌手机销量"的表格，介绍如何插入表格、编辑表格以及设置文本格式，具体操作方法如下。

步骤 01 打开CorelDRAW，新建宽度为300mm、高度为200mm的文本，然后导入"背景"图片，并调整和面板相同大小。选择表格工具，在属性栏中设置表格为6行4列，然后在绘图区创建表格，如下左图所示。

步骤 02 保持表格为选中状态，在属性栏中设置"边框选择"为"全部"，然后单击"轮廓色"下三角按钮，在列表中设置无填充，如下右图所示。

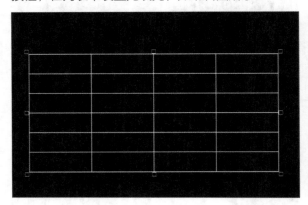 

步骤 03 在"边框选择"列表中选择"顶部和底部"选项，设置"轮廓色"为白色、"轮廓宽度"为"2.0pt"，如下左图所示。

步骤 04 选择表格的第一行，在属性栏中设置"边框选择"为"下"、"轮廓色"为白色、"轮廓宽度"为"1.0pt"，如下右图所示。这就是三线表格的基本结构，接下将输入文本。

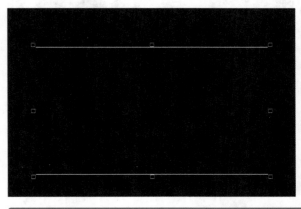 

提示：设置表格中文字垂直方向对齐

在表格中输入文字后，在"段落"区域中设置居中对齐时，只是在水平方向上居中，无法在垂直方向上居中，这很影响表格美观。此时，用户可以在"图文框"区域单击 按钮，在列表中选择"居中垂直对齐"选项，即可使文字在垂直方向上居中对齐。

步骤 05 使用形状工具调整各列的列宽，然后使用表格工具选中左上角单元格并输入"品牌"，在"文本"泊坞窗中设置字体、字号、对齐方式，效果如下左图所示。

步骤 06 根据相同的方法将数据填入表格内，并设置字体格式，如下右图所示。

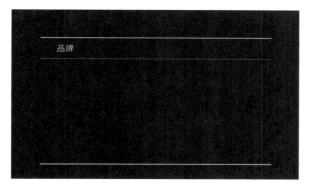

品牌	销售数量	销售金额	平均销量(部/天)
华为	100000	360000	90000
苹果	90000	380000	95000
小米	80000	300000	75000
vivo	60000	200000	50000
OPPO	50000	150000	37500

步骤 07 使用文本工具添加表格的标题和表注，效果如下左图所示。

步骤 08 为了突出某数据，除了设置该数据的字体或颜色外，还可以添加形状，如下右图所示。

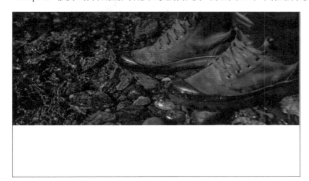

双十二期间,各品牌手机销量

品牌	销售数量	销售金额	平均销量(部/天)
华为	100000	360000	90000
苹果	90000	380000	95000
小米	80000	300000	75000
vivo	60000	200000	50000
OPPO	50000	150000	37500

数据来源:由各部门销售部和财务提供　　脚注:数据纯属虚构,只为教学使用

双十二期间,各品牌手机销量

品牌	销售数量	销售金额	平均销量(部/天)
华为	100000	360000	90000
苹果	90000	380000	95000
小米	80000	300000	75000
vivo	60000	200000	50000
OPPO	50000	150000	37500

数据来源:由各部门销售部和财务提供　　脚注:数据纯属虚构,只为教学使用

实战练习 使用表格工具制作画册

表格在平面设计中不仅仅是展示数据的工具，还有排版、美化等作用。下面介绍如何使用表格制作画册封面，具体操作如下。

步骤 01 在CorelDRAW中创建宽度为300mm、高度为200mm的文档。导入"户外.jpg"图像文件，并适当进行裁剪，如下左图所示。

步骤 02 在工具箱中选择表格工具，创建4行7列的表格，设置表格为无填充、描边为白色、宽度为1.0pt。使表格和图片的长宽相同，效果如下右图所示。

步骤 03 使用表格工具选中单元格，在"属性"面板中设置填充颜色后，为选中的单元格填充颜色，如下左图所示。

步骤 04 至此，使用表格修饰封面完成。在表格下方空白区域使用文本工具输入封面文字，并设置文本的格式，如下右图所示。

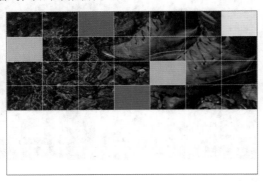 

步骤 05 再新建相同大小的文档，导入"户外.jpg"图片，使其充满整个页面。创建9行14列的无填充、描边为白色的表格，如下左图所示。

步骤 06 使用表格工具选择部分单元格，设置填充为白色，效果如下右图所示。

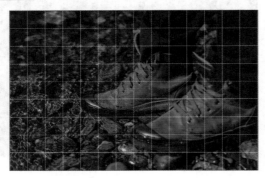 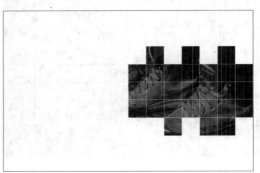

步骤 07 选择左上角第2行的7个单元格并右击，在快捷菜单中选择"合并单元格"命令，然后输入相关文本并设置字体格式，如下左图所示。

步骤 08 根据相同的方法在页面左侧输入相应的内容，并导入相关图标，即可完成使用表格排版的操作，效果如下右图所示。

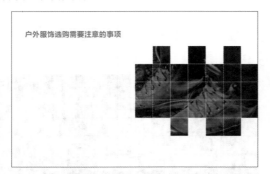 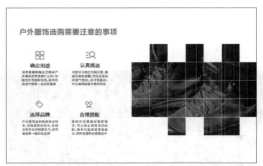

提示：参考线的使用

使用CorelDRAW进行排版时，为了使各元素之间对齐，可以使用参考线。操作方法为：将光标移到标尺上，按住鼠标左键向绘图区拖拽即可。

知识延伸：位图与矢量图的转换

在CorelDRAW中，用户可以在位图和矢量图之间进行相互转换的操作。

（1）将矢量图形转换为位图

将矢量图形转换为位图对象后，即能执行一些针对位图对象的命令，比如调和曲线、替换颜色等。具体操作步骤为：选择矢量图形，在菜单栏中执行"位图>转换为位图"命令，在打开的"转换为位图"对话框中设置相关信息，如右图所示。单击"确定"按钮，即可完成将矢量图形转换为位图的操作。

（2）将位图描摹转换为矢量图

在CorelDRAW中将位图临摹转换为矢量图的操作，可以保证图像效果在打印过程中不会变形。系统提供了多种转换的方法，即依靠多种临摹命令，包括"快速描摹""中心线描摹"和"轮廓描摹"。

- **快速描摹**：使用该命令可以描摹生成矢量图。
- **中心线描摹**：该命令使用未填充的封闭和开放曲线（笔触）描摹位图，包括"技术图解"和"线条画"两种子命令。该方法还被称为"笔触描摹"。
- **轮廓描摹**：该命令使用的是无轮廓的曲线对象描摹位图，包括"线条图""徽标""详细徽标""剪贴画""低品质图像"和"高品质图像"等多种子命令。该方法还被称为"填充描摹"。

下面以"位图>轮廓描摹>高品质图像"命令为例，讲解将位图描摹转换为矢量图的具体操作步骤。

步骤01 选择位图对象，执行"位图>轮廓描摹>高品质图像"命令，打开"PowerTRACE"对话框，调整描摹参数后单击"OK"按钮，如下左图所示。

步骤02 返回到绘图窗口中，可以发现在原始位图对象的上方生成一个矢量图形对象。使用选择工具将其移动，与原始位图对象进行对比，如下右图所示。

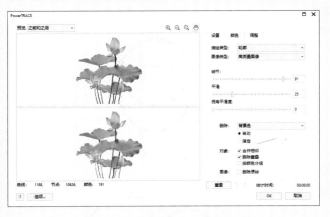

上机实训：设计餐饮品牌徽标

扫码看视频

徽标是一个品牌的名片，一个好的徽标会让人无形中对该品牌有更多的好感。下面我们以"烤鱼"为主题，介绍如何利用形状工具设计一款美观简洁的餐饮徽标。

步骤01 新建一个"宽度"为"210mm"、"高度"为"297mm"、"颜色模式"为"CMYK"的文档，使用文本工具输入"Baked Fish"文本并设置字体格式，如下左图所示。

步骤02 将"Fish"文本填充为橘红色，并转换为曲线。选择"Fish"取消组合后右击，选择"拆分曲线"命令，如下右图所示。

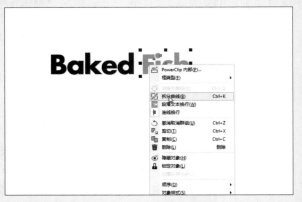

步骤03 要对首字母"B"变形，则选择工具栏中的椭圆形工具，绘制椭圆并填充黑色，覆盖在字母"B"的空白部分，再将文本和椭圆形组合，如下左图所示。

步骤04 使用椭圆形工具，按住Ctrl键拖动鼠标左键绘制正圆，并复制这个正圆，使两圆相交。框选绘制的两个圆，在上方属性栏中单击"相交"按钮，这样两个圆形重叠的部分就被创建为一个新对象，如下右图所示。

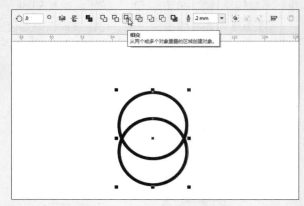

步骤05 选取新创建的对象，复制并缩小到合适大小，使两个对象相交，并填充为白色，如右图所示。

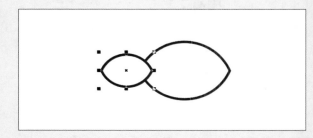

步骤06 使用椭圆形工具，绘制正圆并填充为黑色作为鱼的眼睛。这样类似一个鱼的形状就做好了，将其组合并移至字母"B"上并调整大小，如下左图所示。

步骤07 使用矩形工具绘制矩形。先选中绘制的矩形再选中鱼的图形，单击属性栏中的"修剪"按钮，删除矩形后，复制鱼的图形并将其缩小。单击属性栏中的"水平镜像"按钮，这样字母"B"的变形就完成了，如下右图所示。

步骤08 删除Fish文本上面的圆点，单击矩形工具，按住Ctrl键拖动鼠标左键绘制正方形，在上方属性栏中输入旋转角度为45度，效果如下左图所示。

步骤09 单击工具箱中的交互式填充工具，从正方形一个角水平拖动形成渐变效果，设置起始节点的颜色为橘红色、结束节点的颜色为白色，效果如下右图所示。

 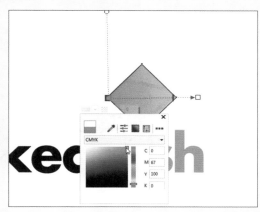

步骤10 选择椭圆形工具后绘制正圆，选取正圆的同时选中正方形，在上方的属性栏中单击"相交"按钮，选中新创建的形状，单击交互式填充工具，设置填充渐变，如下左图所示。

步骤11 单击椭圆形工具并绘制正圆，然后复制并缩小绘制的正圆，将其移动到合适的位置。选中两个圆形，填充为白色后右击，在弹出的快捷菜单中选择"合并"命令，效果如下右图所示。

 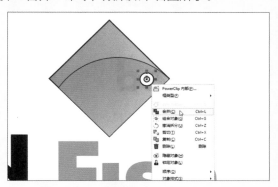

步骤 12 使用相同的方法绘制两个正圆,在上方属性栏中单击"相交"按钮。绘制正圆,选中圆形和新创建的对象,单击"修剪"按钮,如下左图所示。

步骤 13 选择并删除圆形,将需要的图形填充为橘红色,适当调整位置,这样一个鱼尾的形状就绘制完成,如下右图所示。

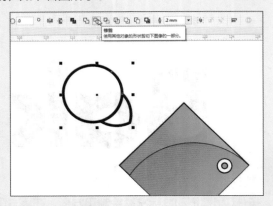 

步骤 14 单击工具箱中的贝塞尔工具,绘制鱼鳍部分并填充橘红色。选择工具箱中的形状工具,选择鱼鳍外侧直线并右击,在弹出的快捷菜单中执行"到曲线"命令,拖拽控制点进行调整,如下左图所示。

步骤 15 继续单击工具箱中的贝塞尔工具,绘制溅起的水花形状,填充为橘红色,再使用形状工具调整控制点,如下右图所示。

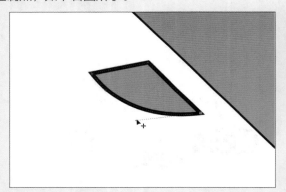 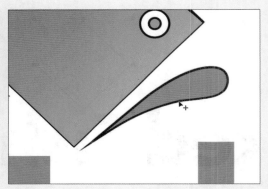

步骤 16 全选刚才绘制的图案,去除边框后组合对象。至此,食品的徽标制作完成,如下左图所示。

步骤 17 执行保存操作后,通过封套工具将设计的徽标应用到场景中,效果如下右图所示。

课后练习

一、选择题

（1）使用手绘工具在绘图区绘制曲线时，按住（　　　）键可以绘制水平或垂直的线条。

    A. Shift　　　　　　　　　　　　　　B. Ctrl

    C. Alt　　　　　　　　　　　　　　　D. Ctrl+Shift

（2）工具箱中的裁剪工具组不包括（　　　）工具。

    A. 橡皮擦　　　　　　　　　　　　　B. 虚拟段删除

    C. 刻刀　　　　　　　　　　　　　　D. 图框精确裁剪

（3）使用交互式填充工具可进行的填充类型有（　　　）。

    A. 渐变填充　　　　　　　　　　　　B. 位图图样填充

    C. 均匀填充　　　　　　　　　　　　D. 以上都是

（4）使用文本工具，在绘图区按住鼠标左键并拖拽，该文本被称为（　　　）。

    A. 路径文本　　　　　　　　　　　　B. 美术文本

    C. 段落文本　　　　　　　　　　　　D. 以上都是

二、填空题

（1）绘制圆角矩形时，如果想为不同的角设置不同的圆角半径值，需要取消激活＿＿＿＿＿＿＿＿＿＿按钮。

（2）单击属性栏中的"属性"下三角按钮，在列表中可设置＿＿＿＿＿＿＿＿＿、＿＿＿＿＿＿＿＿＿和＿＿＿＿＿＿＿＿＿ 3种属性。

（3）在表格中插入位图时，按住鼠标右键可将位图拖拽至单元格内。释放鼠标右键，在弹出的快捷菜单中选择＿＿＿＿＿＿＿＿＿＿命令，可将图片置于单元格中。

三、上机题

    本章学习了CorelDRAW软件的主要功能，接下来通过绘制高跟鞋图形，进一步巩固形状绘制、颜色填充等功能的应用。下左图是使用贝塞尔工具绘制的鞋面和鞋跟图形，下右图是绘制完成后的效果。

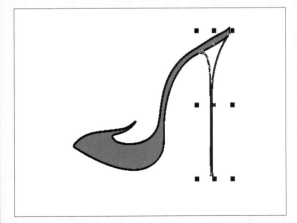 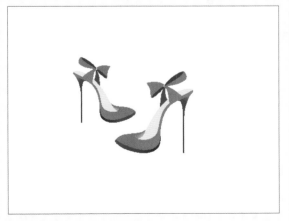

第5章 应用InDesign进行版式设计

本章概述

InDesign是由Adobe公司开发的专业排版设计软件。作为一款功能强大的版面设计和应用制作程序，InDesign软件广泛应用于卡片设计、海报设计、宣传单设计和画册设计等领域。

核心知识点

❶ 了解InDesign的工作界面
❷ 掌握图形和图像的基本操作
❸ 掌握文字的排版方法
❹ 掌握页面布局的方法

5.1 InDesign的工作界面

InDesign的工作界面非常直观，让用户很容易创建引人注目的排版文件。要想熟练使用InDesign软件，用户首先要熟悉其工作界面。InDesign的工作界面主要由菜单栏、属性栏、标题栏、工具箱、页面区域、面板和状态栏等组成，如下图所示。

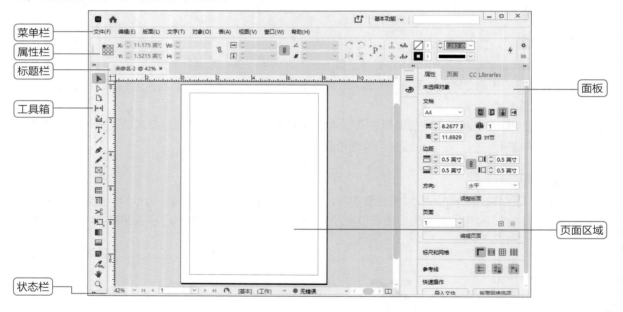

- **菜单栏：** 包含InDesign中的所有操作命令，共有9个主菜单，每个主菜单下包含多个下拉菜单。
- **属性栏：** 用于选取或调用与当前页面中所选项目或对象有关的选项和命令。
- **标题栏：** 显示创建文件的名称和页面的显示比例。
- **工具箱：** 包括InDesign中所有的工具。工具箱中的大部分工具以组的形式显示，包含隐藏的工具，方便用户进行绘图和编辑。
- **页面区域：** 是指在工作界面中以黑色实线表示的矩形区域，该区域的大小就是用户设置的页面大小。页面区域还包括页面外的出血线、页面内的页边线和栏辅助线。
- **面板：** 是重要的组件之一，可以调出许多用于设置数值和调节功能的面板。
- **状态栏：** 显示当前文档的所属页面、文档的状态等信息。

5.2 图形和图像的基本操作

InDesign和CorelDRAW、Illustrator一样，包含绘制各种几何图形、直线、曲线的工具，也可以置入图像文件。本小节将介绍InDesign中图形和图像的基本操作。

5.2.1 图形的基本操作

InDesign图形绘制工具和CorelDRAW、Illustrator相似的部分，这里不再详细介绍。下面介绍和CorelDRAW、Illustrator两种软件不同的工具的用法。

（1）绘制星形

在InDesign中，是通过多边形工具绘制星形的，而CorelDRAW和Illustrator软件是有专门的绘制星形工具。下面介绍在InDesign中绘制星形的两种方法。

第1种方法：通过拖拽光标绘制星形。在工具箱的矩形工具组中选择多边形工具，然后双击多边形工具，弹出"多边形设置"对话框，设置"边数"为"5"、"星形内陷"为"40%"，单击"确定"按钮，如下左图所示。在控制面板中可以设置形状的填充、描边、轮廓宽度等参数，在页面区域中按住鼠标左键拖拽绘制星形，也可以按住Shift键绘制正星形，如下右图所示。

提示：绘制图形时结合其他快捷键

绘制图形时按住Shift键可以绘制正图形，按住Alt键可以以单击点为中心绘制图形，按住Alt+Shift组合键可以以单击点为中心绘制正图形。

第2种方法：通过对话框精确绘制星形。在工具箱中选择多边形工具，在页面中单击，打开"多边形"对话框，在"选项"区域设置多边的宽度和高度，在"多边形设置"区域设置多边形的边数和星形内陷比例，如下左图所示。单击"确定"按钮后，在页面区域绘制和设置参数一致的星形，如下右图所示。

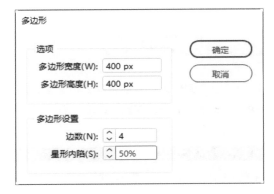
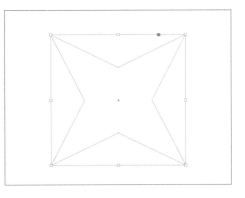

（2）使用角选项制作变形的图形

InDesign对于图形角部变形处理的样式很多，除了常用的圆角、倒角，还有很多角部的花式变形。下面以矩形为例介绍角选项的操作。

在页面区域使用矩形工具绘制矩形，保持矩形为选中状态，在菜单栏中执行"对象>角选项"命令，弹出"角选项"对话框，默认的转角是直角，还包括花式、斜角、内陷、反向圆角和圆角，如下左图所示。选择"花式"转角类型，单击"确定"按钮后，效果如下右图所示。

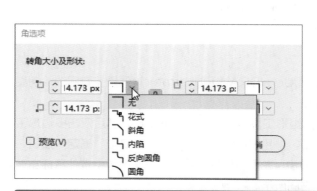

提示：先设置转角类型

上述介绍的是为已经绘制的图形设置转角类型，用户也可以先选择设置转角类型再绘制图形。即先执行"对象>角选项"命令，在对话框中设置转角的类型，然后再选择图形工具，在页面区域绘制图形即可。

（3）形状之间的转换

在InDesign中，用户可以使矩形、椭圆形、三角形、多边形和线条之间相互转换，从而方便地修改图形的类型。用户可以通过两种方法进行形状之间的转换。其一是在菜单栏中执行"对象>转换形状"命令，在子菜单中选择相应的菜单选项，如下左图所示。其二是在菜单栏中执行"窗口>对象和版面>路径查找器"命令，在打开的"路径查找器"面板中单击"转换形状"区域的按钮即可，如下右图所示。

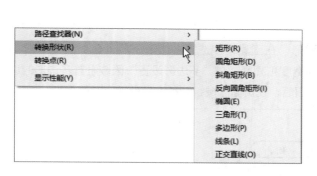

在"路径查找器"面板的"路径查找器"区域，用户可以对图形进行添加、减去、交叉、排除重叠和减去后方对象的操作。选择多个图形后，在菜单栏中执行"对象>路径查找器"命令，在子菜单中也包含这5种运算形式，直接选择对应的子菜单即可。

提示：水平和垂直的线条无法转换为其他形状

当用户对形状进行相互转换时，水平和垂直线条是无法转换为其他形状的，倾斜的线条是可以的。

5.2.2　图像的基本操作

在InDesign中添加图像文件和CorelDRAW、Illustrator是有区别的，InDesign中的图像文件是保存在框架中的，也就是需要有容器存放图像文件。下面介绍几种置入图像文件的方法。

（1）不创建框架的情况下导入图像

在页面中未选择任何内容时，执行"文件>置入"命令，在弹出的"置入"对话框中选择需要的图像文件，如下左图所示。单击"打开"按钮，在光标的右下角显示图片缩略图，在页面中单击即可将选中的图片置入，如下右图所示。

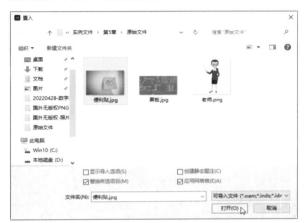

此时在图像文件的四周显示蓝色边框，左上角还有链接的标志。其中蓝色边框就是图像文件的框架，调整框架的大小可以对图像进行裁剪，只显示框架内的图像。链接的标志说明图像文件是以链接的方式置入到InDesign中的。此时，如果原图像文件被修改，则InDesign中的图像也会发生相应的变化。

（2）将图像导入到现有框架中

在页面中绘制图形，此处绘制椭圆形，如下左图所示。然后执行"文件>置入"命令，在打开的对话框中选择需要置入的图像文件，单击"打开"按钮，将选中的图像置入到椭圆形中，如下右图所示。

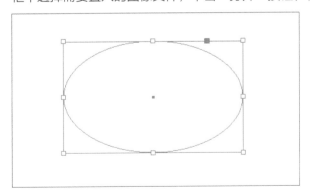

除了上述方法外，我们也可以直接拖拽图片至形状内，此时光标的右下角出现十字形状，释放鼠标左键，将选中的图片置入形状内。

可以看到，图片和形状没有很好地融入，图片有点小。将光标移到图像文件的中心单击圆球的形状，只选中图片，图片的四周出现控制点，如下页上左图所示。通过调整控制点，进一步调整图片的大小，使需要显示的部分在形状内并充满形状，效果如下页上右图所示。

（3）替换现有的图像

使用选择工具，在页面中选择需要替换的图像，如下左图所示。在菜单栏中执行"文件>置入"命令，在打开的对话框中选择需要的图像文件，勾选"替换所选项目"复选框，单击"打开"按钮，即可将原图像替换为选中的图像，如下右图所示。

5.3 排文

在InDesign中，所有文本都是位于文本框内的，通过编辑文本和文本框，可以快捷地进行排版操作。本节将介绍创建文本以及文本的相关操作。

5.3.1 创建文本

在InDesign中创建点文本、区域文本和路径文本没有在CorelDRAW和Illustrator中那么复杂。InDesign中无论是创建点文本还是区域文本，都需要使用文本工具绘制文本框。创建路径文本时，使用路径文字工具即可。

在工具箱中选择文字工具，然后在页面中按住鼠标左键拖拽绘制文本框，如下页上左图所示。释放鼠标后，将光标定位在文本框中，如下页上右图所示。

要想创建路径文本，则在工具箱中选择路径文字工具，将光标移到路径上，在光标下方显示曲线，如下左图所示。光标定位在路径上并单击，然后输入文本，如下右图所示。

5.3.2　设置字符和段落格式

在InDesign中，用户可以通过"字符"面板、"段落"面板和控制面板设置输入文本的字符和段落格式。在"字符"面板中可以设置文本字体、字形、大小、行距、字符间距和倾斜角度等，如下左图所示。

在"段落"面板中可以设置文本的对齐方式、左缩进、右缩进、段前距离、段后距离、首字下沉、行数和底纹等，如下右图所示。

执行"窗口>文字和表>字符"命令或者按Ctrl+T组合键，打开"字符"面板。执行"窗口>文字和表>段落"命令或者按Ctrl+Alt+T组合键，打开"段落"面板。

我们还可以在控制面板中设置字符和段落格式。在工具箱中选择文本工具，在控制面板中默认设置字符的相关参数，如下图所示。

单击控制面板中的"段"按钮，即可切换到设置段落格式的控制面板，如下图所示。

实战练习 制作关于"灯塔"的文档

学习了InDesign的图形、图像以及文本的相关操作后，下面以制作关于"灯塔"的宣传文档为例，进一步巩固所学知识。

步骤 01 打开InDesign后，新建A4大小的文档，并设置边距均为"0"。在页面区域添加参考线，水平参考线位于上方，垂直参考线位于左侧，如下左图所示。

步骤 02 在菜单栏中执行"文件>置入"命令，在打开的"置入"对话框中选择"灯塔1.jpg"图像文件，单击"打开"按钮，如下右图所示。

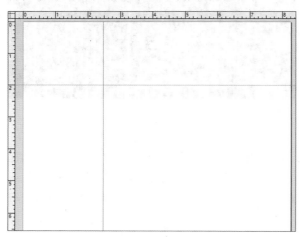

步骤 03 此时光标右下角显示选中图片的缩略图，在页面区域的上方绘制框架，大小和上边到水平参考线等大，按Ctrl+H组合键隐藏框架，如右图所示。

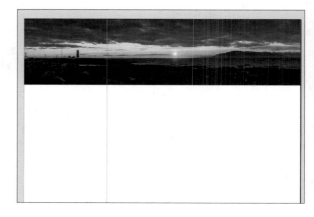

步骤 04 在工具箱中选择矩形工具，绘制和图形等大的矩形，设置填充颜色为黑色、透明度为"88%"、无边框，如下左图所示。

步骤 05 使用文本工具，在页面中绘制文本框，并输入"关于灯塔的知识"文本。然后打开"字符"面板，设置字体、颜色、字号和字符间距等。最后将文本移到矩形的中心位置，如下右图所示。

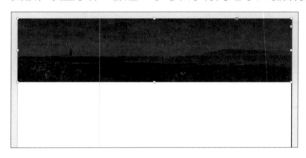

步骤 06 在工具箱中选择文本工具，在页面左侧（即垂直参考线左侧）输入"内容要点"文本。在下方再创建文本框并输入文本。在"字符"和"段落"面板中设置文本的字体、颜色、字符间距和行距等，如下左图所示。

步骤 07 选择下方的文本，在"段落"面板中单击右上角的 ≡ 按钮，在列表中选择"项目符号和编号"选项，如下右图所示。

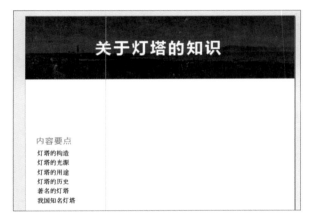

步骤 08 打开"项目符号和编号"对话框，设置"列表类型"为"编号"，"编号样式"区域中各选项为默认设置，再设置"制表符位置"为"0.25英寸"，单击"确定"按钮，如右图所示。

步骤09 为选中的文本应用设置的编号，使文本结构层次更清晰。此时我们可以很清楚地了解本文档介绍的内容，效果如下左图所示。

步骤10 在下方使用直线工具，绘制两条等长的线段并设置颜色和宽度。接着再输入一段文本，在"字符"面板中设置文本的字体、颜色、字号，并设置"倾斜"为"150"，效果如下右图所示。

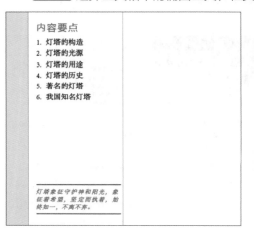

步骤11 选择左侧文本和两条线段，单击控制面板中的"左对齐"按钮，则选中的内容左对齐。再通过键盘上的方向键调整其位置，如下左图所示。

步骤12 选择工具箱中的椭圆工具，在页面垂直参考线的右侧绘制扁一点的椭圆形，如下右图所示。

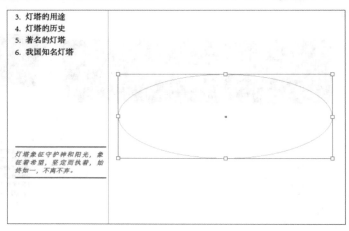

步骤13 右击椭圆形，在快捷菜单中选择"效果>基本羽化"命令，打开"效果"对话框，设置"羽化宽度"为"0.4英寸"，单击"确定"按钮，如下左图所示。

步骤14 然后将"灯塔2.jpg"图片拖拽到椭圆形内，并调整图片大小，可见图片四周出现羽化效果，如下右图所示。

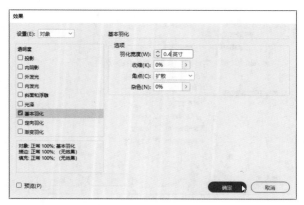

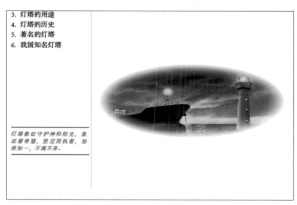

步骤15 接着在右侧使用文本工具创建正文，在"字符"面板中设置正文的字体、颜色、字号和行距等；在"段落"面板中设置正文的对齐方式，比如首字下沉、段前和段后值等，本文档的最终效果如右图所示。

为了保证右侧文本和图片的整齐，先选择文本和图片，在控制面板中设置对齐方式。最后再将两条参考线清除。

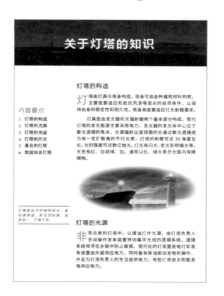

5.4 页面布局

使用InDesign编排页面时，我们需要了解页面、跨页和主页的概念，还要学会页码、章节页码的设置方式。通过本节的学习，用户可以掌握版面的布局、主页的使用和页面的使用方法。

5.4.1 版面布局

InDesign的版面布局包括基本布局和精确布局两种。新建文档、设置页面、设置版心、指定出血等为基本布局，通过标尺、网格和参考线可以设置对象准确的位置，方便进行精确布局。

新建文档是设计制作的第一步，新建文档时，可以设置页面的大小。在菜单栏中执行"文件>新建>文档"命令，打开"新建文档"对话框，设置文档的宽度、高度和出血等，如下图所示。

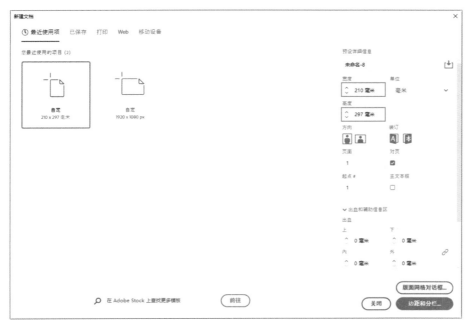

　　单击"边距和分栏"按钮，弹出"新建边距和分栏"对话框，设置文档的上、下、内和外的边距，在"栏"区域可以设置分栏的数量、栏间距等，如下图所示。

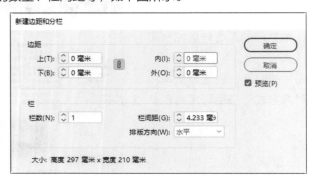

　　创建文档后，可以改变文档的设置，例如文档的大小、出血等。在菜单栏中执行"文件>文档设置"命令，或者按Ctrl+Alt+P组合键，弹出"文档设置"对话框，展开"出血和辅助信息区"，可以设置相关参数，如下左图所示。单击"调整版面"按钮，打开"调整版面"对话框，参数和"文档设置"对话框差不多，设置参数后单击"确定"按钮，如下右图所示。

　　在"调整版面"对话框中，如果勾选"自动调整边距以适应页面大小的变化"复选框，可以按设置的页面大小自动调整边距。

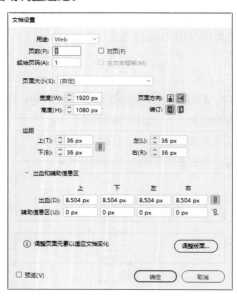 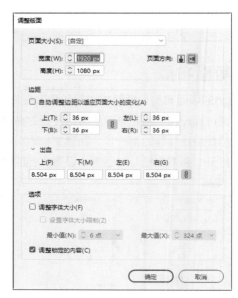

下面介绍"文档设置"对话框中各主要参数的含义。

- **用途**：可以根据需要设置文档输出后的适用格式。
- **页数**：根据需要输入文档的总页数。
- **对页**：勾选该复选框，可以在多页文档中建立左右页，以对页的形式显示版面格式，也就是我们常说的对开页。
- **起始页码**：用于设置文档的起始页码。
- **页面大小**：从列表中可以选择标准的页面设置，还可以通过设置下方的"宽度"和"高度"值，自定义页面的大小。

用户还可以更改页边距和分栏。在"页面"面板中选择需要修改的跨面或页面，执行"版面>边距和分栏"命令，弹出"边距和分栏"对话框，如右图所示。

下面介绍"边距和分栏"对话框中各主要参数的含义。

- **边距**：该选项组的参数可以设置到各个边缘的距离。
- **栏**：该选项组可以设置分栏的数量和栏间距。
- **调整版面**：勾选该复选框激活下方选项，可以调整文档版面中的页面元素。

当在页面中设置分栏时，默认是将页面进行等分的，有时为了版式的要求，也可进行不等分栏。在菜单栏中选择"视图>网格和参考线>锁定栏参考线"命令，解除栏参考线的锁定。使用选择工具，选择需要移动的栏参考线，按住鼠标左键并拖拽，如下左图所示。拖拽至合适的位置释放鼠标左键即可，如下右图所示。

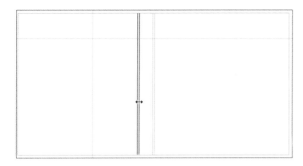
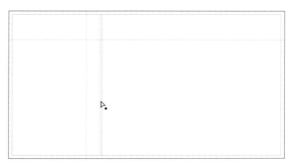

我们还可以利用标尺、参考线和网格，对版面进行精确布局。标尺分为水平标尺和垂直标尺，水平标尺位于页面的上方，垂直标尺位于页面的左侧，如下左图所示。标尺默认的单位是"像素"，我们可以根据需要分别修改标尺的单位，在菜单栏中选择"编辑>首选项>单位和增量"命令。在打开的"首选项"对话框的"标尺单位"区域分别设置"水平"和"垂直"的单位，单击"确定"按钮即可，如下右图所示。

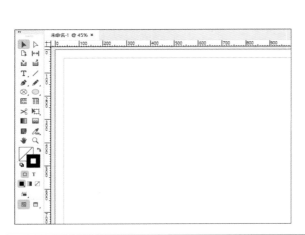

提示：快速设置标尺单位

除了在"首选项"对话框中设置标尺的单位外，用户还可以在标尺上右击，在快捷菜单中选择合适的单位命令。

将光标移到水平或垂直标尺上，按住鼠标左键不放，向页面内拖拽至合适的位置，释放鼠标左键即可创建参考线，如下左图所示。在菜单栏中选择"版面>创建参考线"命令，打开"创建参考线"对话框，设置相关参数，如下右图所示。

 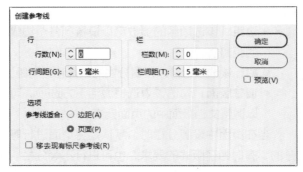

下面介绍"创建参考线"对话框中各主要参数的含义。

- **"行数"和"栏数"**：用于指定要创建的行或栏的数目。
- **"行间距"和"栏间距"**：用于指定行或栏的间距。
- **"参考线适合"**：选择"边距"单选按钮，将在边距内的版心区域创建参考线。选择"页面"单选按钮，将在页面边缘内创建参考线。
- **"移去现有标尺参考线"**：勾选该复选框，可删除任何现有参考线。

在页面中添加参考线后，用户可以根据需要移动、隐藏或锁定参考线。在菜单栏中选择"视图>网格和参考线>隐藏参考线"命令，可以将所有参考线隐藏起来。执行"视图>网格和参考线>显示参考线"命令，可以显示所有参考线。

在菜单栏中执行"视图>网格和参考线>锁定参考线"命令，可以锁定参考线。在目标跨页中按下Ctrl+Alt+G组合键，可以选中当前页面中所有参考线。如果要删除参考线，可以依次选择参考线，按Delete键进行删除，或者将参考线拖拽到标尺上。

用户还可以通过网格对元素进行排版。在菜单栏中执行"视图>网格和参考线>显示文档网格"命令，显示或隐藏文档的网格。显示网格后，效果如下左图所示。

在菜单栏中执行"编辑>首选项>网格"命令，打开"首选项"对话框，可以设置网格的颜色、间隔等，如下右图所示。

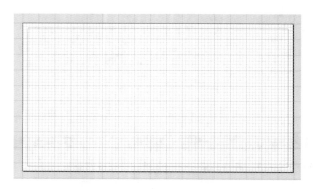 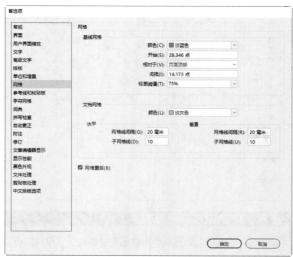

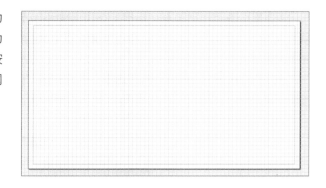

在"首选项"对话框中设置文档网格的颜色为"青色",分别设置水平和垂直的"网格线间隔"为"50毫米",其他参数保持不变,单击"确定"按钮。然后执行"视图>网格和参考线>显示文档网格"命令,显示文档网格,效果如右图所示。

5.4.2　应用主页

主页相当于一个可以快速应用到多个页面的背景,熟悉PPT软件的读者可以将主页理解为幻灯片的母版。也就是说,在主页上添加的元素,可以在其他页面相同的位置显示该元素。下面以在左上角显示企业名称、底边显示页码为例,介绍主页的应用。

步骤 01 在InDesign中新建A4大小的文档,并设置边距。按Ctrl+H组合键隐藏框架边缘,如下左图所示。

步骤 02 执行"窗口>页面"命令,在"页面"面板中添加4个页面。按住Shift键选择所有页面,单击面板中上角的三图标,在下拉列表中选择"允许选定的跨页随机排布"选项,如下右图所示。

步骤 03 双击第二页页面图标,在菜单栏中选择"版面>页码和章节选项"命令,弹出"新建章节"对话框,保持默认设置,单击"确定"按钮,如下左图所示。

步骤 04 在状态栏中单击文档所属页面右侧的下三角按钮,在列表中选择"A−主页"选项,如下右图所示。

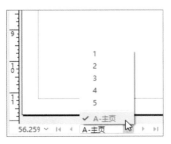

步骤 05 使用水平和垂直标尺，在页面中添加水平和垂直参考线，如下左图所示。根据参考线添加主页中的企业名称和页码。如果需要精确设置参考线的位置，可以选中添加的参考线，在控制面板中设置X或Y的数值即可。

步骤 06 执行"文件>置入"命令，在打开的"置入"对话框中选择企业的标志图片，然后在右侧输入企业的名称，并设置字体、字号等，如下右图所示。

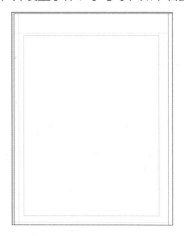 

步骤 07 在工具箱中选择多边形工具，绘制正六边形，并通过"角选项"命令设置为圆角。使用文本工具绘制一个文本框，按Ctrl+Shift+Alt+N组合键在文本框中自动添加页码，并设置页码的格式，如下左图所示。选择多边形和页码，按住Alt+Shift组合键拖拽到对面的右上角。

步骤 08 在"页面"面板中单击右上角的≡图标，在列表中选择"将主页应用于页面"选项。在弹出的"应用主页"对话框中设置"于页面"为"所有页面"，单击"确定"按钮，如下右图所示。

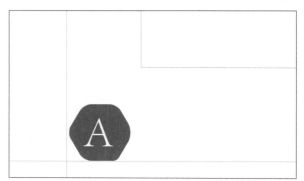

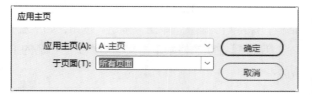

步骤 09 在"页面"面板中选择页面时，例如选择页面4，此时在页面4左上角将显示企业标志和名称，左下角显示页码，在页面5的右下角显示页码，如右图所示。

知识延伸：将Word样式映射为InDesign样式

在Word中设置好文本样式，在导入InDesign时可以映射为InDesign样式置入。我们可以利用Word中已经设置好的样式，快速完成对InDesign样式的应用。下面介绍具体操作方法。

步骤 01 打开"将Word样式映射为InDesign样式.docx"文档，为文档内的文本应用3种样式，如下左图所示。

步骤 02 切换至InDesign，在菜单栏中执行"文件>置入"命令，在打开的"置入"对话框中选择Word文档，勾选"显示导入选项"复选框，取消勾选"应用网格格式"复选框，单击"打开"按钮，如下右图所示。

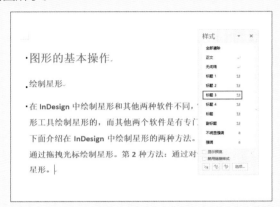 

步骤 03 打开"Microsoft Word导入选项"对话框，设置"段落样式冲突"和"字符样式冲突"为"自动重命名"，单击"确定"按钮，如下左图所示。如弹出"缺失字体"对话框，单击"跳过"按钮。

步骤 04 在页面中按住鼠标左键拖拽绘制文本框显示Word中内容，使用文本工具选择所有文本，在"段落样式"面板中单击"清除选区中的优先选项"按钮，如下右图所示。

步骤 05 因为之前没有处理缺失字体问题，此时有部分文本不能正常显示，保持文本为选中状态，在控制面板中设置字体即可。可见，在InDesign中的文本保持Word中文本的样式，如右图所示。

上机实训：制作时尚杂志的内页

本章我们学习了InDesign的功能应用，包括图形和图像的基本操作、文字的排版、页面布局等。下面通过制作时尚杂志内页的操作，对所学内容进行复习和巩固。

扫码看视频

步骤01 新建一个A4大小的文档，在"新建边距和分栏"对话框框中设置合适的边距，单击"确定"按钮，如下左图所示。

步骤02 使用主页功能在文档上方和下方添加企业名称和页码。在页面中插入4个页面，按住Shift键选择所有页面，单击面板中上角的≡图标，在下拉列表中选择"允许选定的跨页随机排布"选项，如下右图所示。

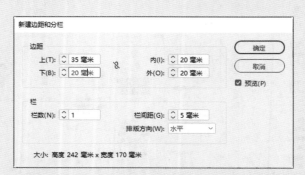

步骤03 双击第二页页面图标，在菜单栏中选择"版面>页码和章节选项"命令，弹出"新建章节"对话框，保持默认设置，单击"确定"按钮，如下左图所示。

步骤04 在状态栏中单击文档所属页面右侧的下三角按钮，在列表中选择"A-主页"选项。使用水平和垂直标尺，在页面中添加水平和垂直参考线，根据参考线，用户可在主页中添加企业名称和页码，如下右图所示。

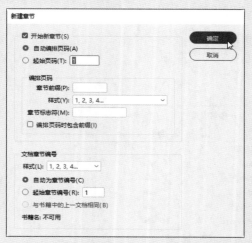

步骤05 使用文本工具，在左侧页面的左上角、水平和垂直参考线交叉处输入企业名称，并在控制面板中设置文本的字体、字号和颜色等格式，如下页上左图所示。

步骤06 根据相同的方法，在右侧页面的右上角输入相应的文本，并设置格式。接下来添加页码，在左侧页面的右下角绘制橙色的长方形。使用文本工具绘制一个文本框，按Ctrl+Shift+Alt+N组合键在文本框中自动添加页码，并设置页码的格式，如下页上右图所示。

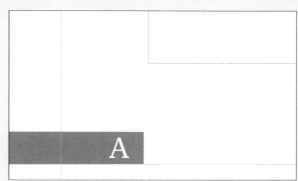

步骤 07 将矩形和页码移到右侧页面的右下角并调整好位置，主页设置完成。在"页面"面板中双击页面2，将实例文件夹中的"美女3.jpg"图像文件置入，并调整大小至充满整个页面。在菜单栏中执行"视图>网格和参考线>隐藏参考线"命令，效果如下左图所示。

步骤 08 此时该主页内容被覆盖在图片下方，进入主页，复制左侧页面的所有内容。双击页面2，在"图层"面板中新建图层，粘贴复制内容并调整好位置，效果如下右图所示。

步骤 09 在页面2中添加文本和矩形进行修饰，本页面采用橙色为主的暖色系，通过调整颜色的深浅设置字体的颜色，效果如右图所示。

为了使页面整体色彩风格一致，可以使用颜色主题工具吸取图片中的颜色。在浮动面板中选择颜色的搭配色系，单击 按钮将主题颜色添加到色板中，按住Alt键单击该按钮，可以选定该颜色。

步骤10 接下来制作页面3中的内容。首先显示参考线，执行"版面>边距和分栏"命令，在打开的对话框中设置"栏数"为"2"，调整分栏的位置，如下左图所示。

步骤11 将准备好的图片置入页面中，适当调整图片的大小和位置。右击"小女孩"图片，在快捷菜单中选择"变换>水平翻转"命令，效果如下右图所示。

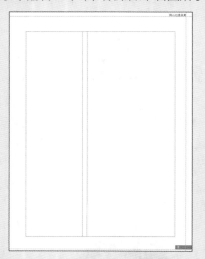

步骤12 在页面左上角绘制正方形，设置无填充、描边为黑色。然后再绘制小的矩形，设置填充为纯白色，无描边，制作成残缺的正方形效果，如下左图所示。

步骤13 然后添加文本并设置文本的格式，将文本放置在残缺的部分，其中长的矩形可以在"属性"面板设置不透明度，效果如下右图所示。

步骤14 使用文本工具，在页面中绘制和分栏等宽的文本后，输入文本，并设置文本格式、字体和颜色等。然后在页面的右下方绘制矩形，并设置蓝色到紫色的渐变色，效果如右图所示。

步骤 15 页面3是左图右文的布局，为页面添加分栏，调整分栏参考线的位置，然后添加图片，并在图片的下方输入文本内容，设置文本的格式和颜色等，效果如下左图所示。

步骤 16 在右侧添加双引号，使其错落排列，设置颜色。然后添加文本内容，效果如下右图所示。

步骤 17 对页面4进行等分分栏，左侧为标题文本和副标题，右侧为上图下文。首先输入标题和副标题文本并设置文本格式，效果如下左图所示。

步骤 18 在右侧添加图片和文本，效果如下右图所示。

课后练习

一、选择题

（1）InDesign的工作界面不包含（　　　）组件。

    A. 状态栏　　　　　　　B. 控制面板　　　　　　　C. 泊坞窗　　　　　　　D. 工具箱

（2）InDesign是使用多边形工具绘制星形的，必须通过在指定的对话框中设置（　　　）参数才能绘制星形。

    A. 星形内陷　　　　　　B. 边数　　　　　　　　　C. 星形外陷　　　　　　D. 角的数量

（3）为已有的页面进行分栏时，需要在菜单栏中执行（　　　）命令，在打开的对话框中设置"栏数"即可。

    A. 编辑>边距和分栏　　　　　　　　　　B. 窗口>边距和分栏

    C. 对象>边距和分栏　　　　　　　　　　D. 版面>边距和分栏

（4）在InDesign中按（　　　）组合键，打开"字符"面板。

    A. Alt+Ctrl+T　　　B. Ctrl+T　　　　C. Alt+T　　　　D. Ctrl+Shift+T

二、填空题

（1）在InDesign中绘制以单击点为中心的正图形时，要按住＿＿＿＿＿＿＿＿组合键。

（2）在InDesign中置入图片后，使用选择工具可以分别调整框架和图片的大小；使用＿＿＿＿＿＿＿＿，可以同时调整框架和图片的大小。

（3）如果需要在所有页面的相同位置添加同样的元素，可以使用InDesign中的＿＿＿＿＿＿＿＿功能实现。

三、上机题

    本章学习了InDesign的主要功能，接下来通过绘制钢琴宣传页的封面，巩固形状、图像、文本以及版式应用的知识。下左图使用矩形并设置定向羽化，将两张图片接合在一起，然后绘制和页面等大的矩形，完成封面背景的制作。下右图使用文本工具和矩形工具在封面中添加文本，为了使文本更整齐，可以添加相应的参考线。

第二部分

综合案例篇

综合案例篇共5章内容，以典型的实用案例对Photoshop、Illustrator、CorelDRAW和InDesign4款软件的相关功能和应用进行讲解，包括名片设计、卡片设计、海报设计、包装设计和杂志设计。通过这些案例的学习，可以使读者对平面设计有实质性的认识，并达到运用自如、融会贯通的目的。

Ps Ai
Id Cdr

第6章 名片设计

本章概述

名片是一种向外界展示自己或企业的形式，可以让不同的人快速地相互了解。名片不仅能传达信息，更是个人或企业形象的体现。本章将介绍使用Photoshop和CorelDRAW软件制作设计师个人名片的方法。

核心知识点

❶ 掌握Photoshop"可选颜色"功能的应用
❷ 掌握Photoshop"色相/饱和度"功能的应用
❸ 掌握CorelDRAW矩形工具的应用
❹ 掌握CorelDRAW文本工具的应用

6.1 使用Photoshop制作名片装饰线条

本案例制作的名片是红白色的，其素材是黑色的线条，我们需要通过Photoshop将黑色线条转换为红色和白色。

6.1.1 将黑色线条转换为红色

在Photoshop中通过"可选颜色"功能，可以将黑色线条转换为红色，下面介绍具体操作方法。

扫码看视频

步骤01 打开Photoshop软件，执行"文件>打开"命令，在打开的"打开"对话框中选择"黑色线条1.png"文件，效果如下左图所示。

步骤02 在菜单栏中执行"图像>调整>可选颜色"命令，打开"可选颜色"对话框，设置"颜色"为"黑色"，将"青色"滑块拖至最左侧，如下右图所示。

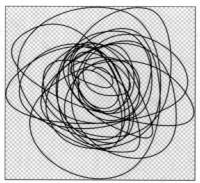

步骤03 单击"确定"按钮，黑色线条变为红色，如右图所示。然后执行"文件>导出>快速导出为PNG"命令，将调整后的线条保存为"红色线条1.png"即可。

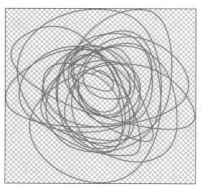

6.1.2 将黑色线条转换为白色

在Photoshop中，通过"色相/饱和度"功能，可以将黑色线条转换为白色，下面介绍具体操作方法。

扫码看视频

步骤 01 在Photoshop中执行"文件>打开"命令，打开"打开"对话框，选择"黑色线条2.png"文件，效果如下左图所示。

步骤 02 单击"图层"面板下方"创建新的填充或调整图层"下三角按钮，在列表中选择"色相/饱和度"选项，在打开的"属性"面板中将"饱和度"滑块拖到最左侧，将"明度"滑块拖到最右侧，如下右图所示。

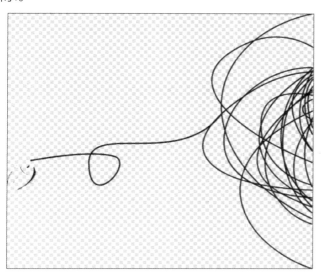

步骤 03 关闭"属性"面板，此时黑色线条变为白色，如下图所示。然后执行"文件>导出>快速导出为PNG"命令，将调整后的线条保存为"白色线条1.png"即可。

6.2 使用CorelDRAW制作名片主体部分

名片的素材制作完成后,接下来使用CorelDRAW制作一款平面设计师的个人名片。通过本案例的学习,让读者能够设计出简洁大气,又具有艺术特色的名片作品,具体操作过程如下。

扫码看视频

步骤 01 首先制作名片正面的边框。在CorelDRAW软件中执行"文件>新建"命令,弹出"创建新文档"对话框,对创建文档的参数进行设置后,单击"确定"按钮,如下左图所示。

步骤 02 单击工具箱中的矩形工具按钮,在工作区绘制一个矩形。选中该矩形,在上方的属性栏中设置对象的宽度和高度为58mm×90mm。单击右侧调色板中的"白色"选项,为矩形填充白色,如下右图所示。

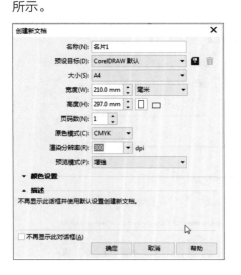

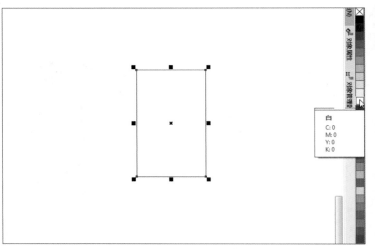

步骤 03 执行"文件>导入"命令,在弹出的"导入"对话框中选择素材"红色线条1.png",单击"导入"按钮。选中导入的素材,在菜单栏中执行"对象>Power Clip>置于图文框内部"命令。此时会出现黑色箭头,将黑色箭头放在名片边框内单击,素材即被置于名片边框内了,如下左图所示。

步骤 04 选中名片并右击,执行"编辑Power Clip"命令,选中素材并调整到名片左下角。继续选中名片并右击,在快捷菜单中选择"结束编辑"命令,如下右图所示。

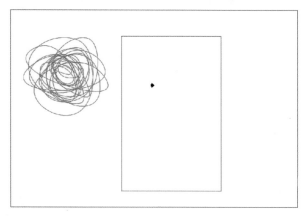

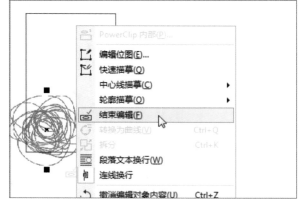

步骤 05 将光标置于工作区左侧标尺上，按住鼠标左键向右拖动辅助线，放到合适的位置后释放鼠标左键，如下左图所示。

步骤 06 选中辅助线并向右拖动约1cm的位置，迅速右击，复制出第二条辅助线。按下Ctrl+R组合键，等距复制出第三条辅助线，如下右图所示。

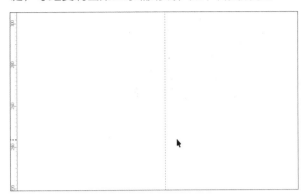
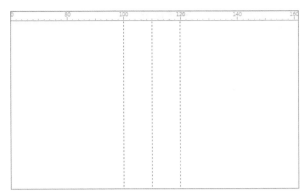

步骤 07 同样将标尺置于工作区上方，拉出两条横向辅助线。单击属性栏中的"贴齐辅助线"按钮，如下左图所示。

步骤 08 接下来开始绘制"平面设计"字体。首先选择工具箱中的矩形工具，在辅助线中绘制出横向图形，如下右图所示。

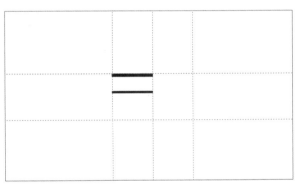

步骤 09 继续选择矩形工具，绘制纵向图形，制作出"平"字。使用相同的方法绘制出"面"字，如下左图所示。

步骤 10 选择文本工具，输入"设计"文本，在属性栏中选择合适的字体选项，单击属性栏中"将文本更改为垂直方向"按钮，并调整字体大小，如下右图所示。

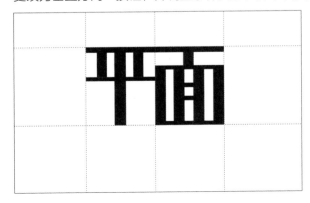
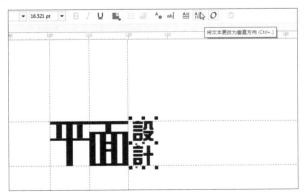

步骤 11 选中"设计"文本并右击,在弹出的快捷菜单中选择"转换为曲线"命令,如下左图所示。

步骤 12 继续选中文本并右击,选择"拆分曲线"命令,如下右图所示。

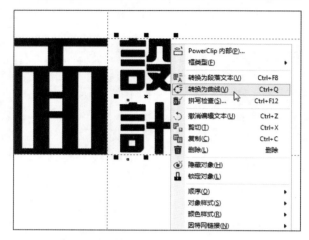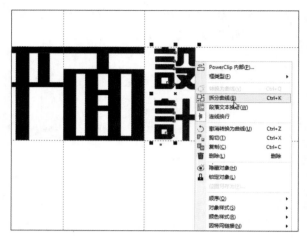

步骤 13 删除"设计"文本的左边部分,使用矩形工具绘制出下左图的效果。

步骤 14 选中"又"字部分,选择左侧工具箱中的选择形状工具,如下右图所示。

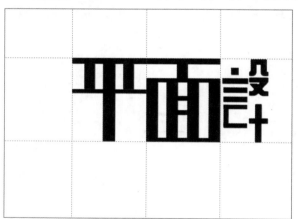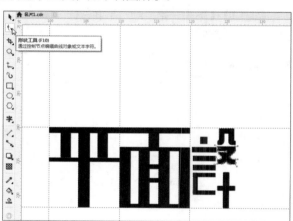

步骤 15 连续单击节点,删除部分内容。调整整体的布局后,挑选文字的局部,默认填充调色板中的红色,如下左图所示。

步骤 16 选择文本工具,输入英文字体,在属性栏中设置字体效果和字符大小。将设计好的字体全部框选并右击,选择"组合对象"命令,将字体全部组合,如下右图所示。

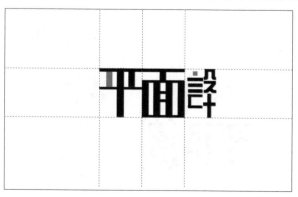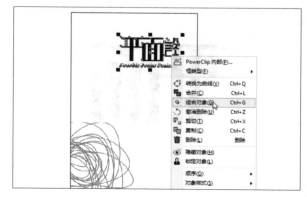

步骤17 选择文本工具并输入设计师姓名，在属性栏中设置字体效果和字符大小。选择矩形工具，绘制矩形并填充红色。然后选择文本工具，输入职位文本，填充白色并右击，执行"顺序>到图层前面"命令，如下左图所示。

步骤18 选择文本工具，输入名片持有者的相关信息，在属性栏中设置字体和字符大小后，设置为右对齐，如下右图所示。

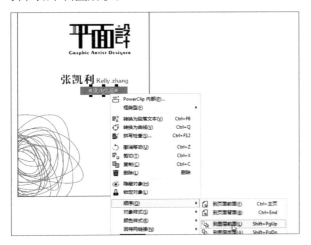

步骤19 选中文字，单击形状工具，拖动文字上下、左右的控制点，调整字符间距，如右图所示。

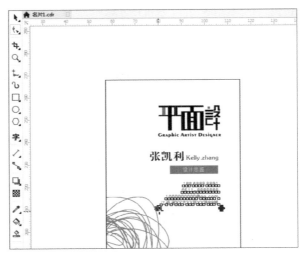

步骤20 将"图标素材.cdr"导入，放在对应文字的左侧，调整大小和颜色，如右图所示。

步骤21 将"二维码.png"素材导入并放在文字的下方，调整好大小。名片的正面制作完成，如下左图所示。

步骤22 选择矩形工具，绘制名片反面并填充为红色，如下右图所示。

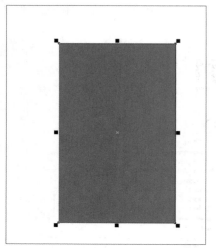

步骤23 导入素材"白色线条1.png"，按照名片正面的设置方法，放置于名片边框内，调整到适当的位置，结束编辑，如下左图所示。

步骤24 选择工具箱中的多边形工具，绘制多边形并填充为白色，如下右图所示。

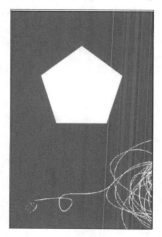

步骤25 选中多边形并复制，填充为红色。选择工具箱中的透明度工具，在属性栏中单击"合并模式"下三角按钮，选择"减少"选项，如右图所示。

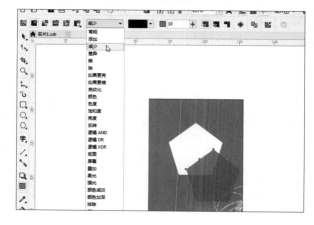

步骤26 选中红色多边形并将其缩小，单击中心部位的十字形状，将十字形状放置到任意控制点，拖动旋转到合适的角度，如下左图所示。

步骤27 复制正面的标志，然后放到反面的白色位置。使用同样的方法拖动并旋转到合适的角度，如下中图所示。

步骤28 选择矩形工具，绘制黑色边框矩形，设置无填充颜色。然后输入网址文本，调整字体和字符大小后置于矩形的中心，如下右图所示。

步骤29 将名片的正反面并列排放，执行"编辑>全选>文本"命令，将所有文本内容全部选中并右击，在弹出的快捷菜单中选择"转换为曲线"命令，如右图所示。

步骤30 选中绘制的矩形并右击，执行"顺序>向后一层"命令，使画面看起来更清晰。这样整个名片的制作就全部完成了，最终效果如下图所示。

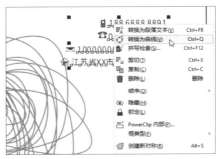

第7章 卡片设计

本章概述

　　卡片是人们增进交流的一种方式，日常生活中卡片的种类很多，有邀请卡、生日卡、祝福卡和新年贺卡等。随着智能产品的普及，现在由纸质卡片逐渐演变为电子卡片。

核心知识点

❶ 掌握Photoshop调整功能的应用
❷ 掌握Illustrator形状相关工具的应用
❸ 掌握Photoshop文本工具的应用
❹ 掌握Photoshop透视功能的应用

7.1 制作简洁清新风格的卡片

　　本案例制作简洁清新的卡片，由于背景图片的亮度很高，使图片中的事物失去了原有的颜色，首先通过Photoshop调整背景图片，再使用Illustrator添加相关的文本和形状。

7.1.1 使用Photoshop调整卡片的背景

　　本节主要通过图像调整的相关功能对背景图片进行调整，使其展现符合本例主题的色彩。下面介绍具体的操作方法。

扫码看视频

　　步骤 01 在Photoshop中打开"背景素材.jpg"图像素材，按Ctrl+J组合键复制图层。将复制的图层命名为"底图"，如下左图所示。

　　步骤 02 执行"图像>调整>自然饱和度"命令，在打开的"自然饱和度"对话框中设置"自然饱和度"为"88"、"饱和度"为"63"，如下右图所示。

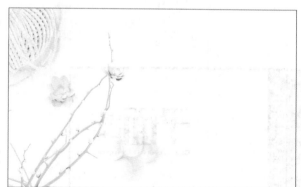

　　步骤 03 单击"确定"按钮，查看调整后的图像色彩，如右图所示。

步骤 04 执行"图像>调整>色彩平衡"命令，
打开"色彩平衡"对话框，分别拖拽滑块设置相关
参数，如右图所示。

步骤 05 执行"图像>调整>亮度/对比度"命令，在打开的对话框中设置"亮度"为"-80"、"对比度"为"-6"，如下左图所示。

步骤 06 单击"确定"按钮，背景图片的最终效果如下右图所示。最后在菜单栏中执行"文件>导出为"命令，在打开的"导出为"对话框中设置"格式"为"JPG"，根据提示将调整好的卡片背景保存为"背景素材.jpg"。

7.1.2 使用Illustrator添加修饰文字

卡片的背景图片调整完成后，我们再通过Illustrator添加文字和形状。下面介绍具体的操作方法。

扫码看视频

步骤 01 打开Illustrator，单击"新建"按钮，打开"新建文档"对话框，设置文档的宽度、长度和出血，如下左图所示。

步骤 02 执行"文件>置入"命令，将上一节使用Photoshop调整好的图片置入到Illustrator中。执行"窗口>对齐"命令，在打开的"对齐"面板中单击"对齐对象"区域中的"水平左对齐"和"垂直顶对齐"按钮，然后调整置入图片的大小，如下右图所示。

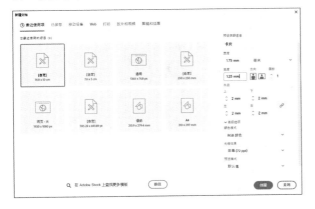

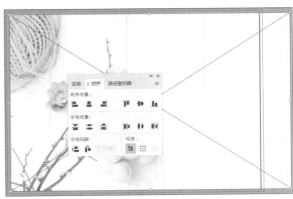

步骤 03 选择置入的图片，在菜单栏中执行"对象>裁剪图像"命令，调整裁剪框的大小，使需要的图片部分位于裁剪框内，按Enter键将裁剪框外的部分删除，如右图所示。

步骤 04 选择文字工具，在页面中输入"NEW"文本。在"字符"面板中设置文本的字体、字号、字符之间的距离，调整字体的颜色，如下左图所示。

步骤 05 使用相同的方法再输入其他文本。选择直线工具，在文本的下方绘制直线，在"属性"面板中设置填色和描边为浅灰色，如下右图所示。

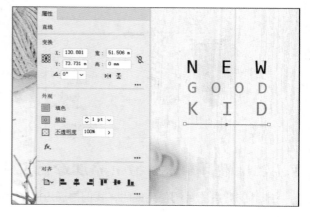

步骤 06 使用相同的方法，添加文字和圆形，并设置字体格式等，效果如下图所示。最后将文件保存并导出图片。

7.1.3 使用Illustrator制作卡片的背面

卡片的正面制作完成后，我们使用Illustrator制作卡片的背面，主要使用矩形工具、直线工具和文字工具等。下面介绍具体操作方法。

扫码看视频

步骤 01 新建一个175mm×125mm的文件，选择矩形工具在左上角绘制一个9mm×9mm的矩形，设置为无填充、描边为红色、宽度为"1pt"。然后复制5个，通过"对齐"面板中的"垂直居中对齐"和"水平左分布"按钮进行对齐设置，效果如下左图所示。

步骤 02 在页面的右上角绘制一个15mm×15mm的正方形，设置无填充、描边为红色、宽度为"0.25pt"，并复制1个正方形移至右侧。然后使用文本工具在右侧正方形内输入"贴邮票处"文本，并设置文本格式。我们可以通过添加参考线，对两侧矩形进行顶端对齐，效果如下右图所示。

步骤 03 执行"文件>置入"命令，将"新.png"图片置入，调整大小并移到左侧。在下面输入"新年吉祥"文本并调整文字格式，如下左图所示。

步骤 04 在文字右侧添加垂直的直线，设置描边为红色、宽度为"1pt"。在直线右侧添加文本并设置格式，如下右图所示。

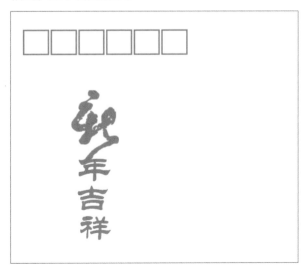

步骤 05 在页面右侧绘制四条水平直线，设置颜色为红色、宽度为"70mm"，通过"对齐"面板调整四条直线对齐，然后在页面的右下角添加企业名称等信息。至此，卡片的背面制作完成，如下图所示。

7.2 制作寿司店宣传单

本案例制作的是某寿司店的两折页宣传单，我们将使用Illustrator和Photoshop两个软件完成设计。主要使用Photoshop调整图像，使用Illustrator制作宣传单中的文字和修饰的形状等。

7.2.1 使用Illustrator制作宣传单的正面

宣传单的正面主要包括背景和文字等内容，本案例将使用文本工具、椭圆工具和钢笔工具等功能。下面介绍具体操作方法。

扫码看视频

步骤 01 在"新建文档"对话框中创建297mm×210mm的文档，执行"视图>标尺>显示标尺"命令，在页面的水平方向添加参考线，如下左图所示。

步骤 02 执行"文件>置入"命令，在打开的对话框中将"宣传单正面.png"文件导入，使其充满整个页面，如下右图所示。

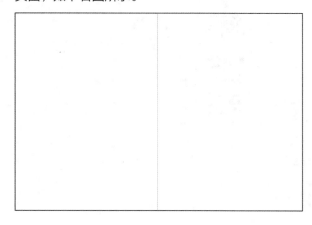

步骤03 新建图层，使用文字工具在页面右上输入"寿"文本，并在"字符"面板中调整字体格式，如下左图所示。

步骤04 新建图层，在下方输入"司"文本并设置格式。使用椭圆工具，设置无填充、描边颜色为"c17257""描边粗细"为"3pt"，绘制正圆形，如下右图所示。

步骤05 选择钢笔工具，设置填充颜色和描边，绘制出寿司的形状。在绘制不同部分时，设置不同的颜色，效果如下左图所示。

步骤06 复制两份绘制的寿司图形，将其放在正圆形的右下角并错落摆放，如下右图所示。

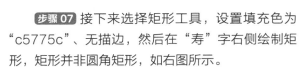

步骤07 接下来选择矩形工具，设置填充色为"c5775c"、无描边，然后在"寿"字右侧绘制矩形，矩形并非圆角矩形，如右图所示。

步骤 08 使用选择工具选中矩形，4个角显示4个小圆点，将光标移至任意圆点上，按住鼠标左键向矩形内拖动，光标右上角显示圆角的半径尺寸，如下左图所示。

步骤 09 新建图层，使用文本工具输入"清和の"文本，并调整文本的字体、大小和颜色，放在圆角矩形的上方。此时宣传单的正面制作完成，效果如下右图所示。

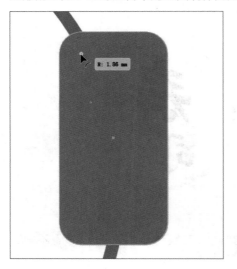

步骤 10 接下来制作背面。背面主要包括寿司店的电话、地址和二维码等。首先置入"二维码.jpg"，调整大小并放在合适的位置，如右图所示。

步骤 11 使用文本工具在下方输入相关文本信息，在"对齐"面板中对输入的文本进行对齐操作，如右图所示。

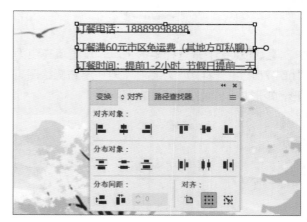

步骤12 将"木板.png"素材置入面板中并放在两侧。至此,封面制作完成,如下图所示。

7.2.2 使用Photoshop调整图片颜色

寿司店宣传单的内面是寿司的种类、价格和相关的图片。为了使人看了宣传单后更有食欲,需要对图片的颜色进行调整。下面介绍具体操作方法。

扫码看视频

步骤01 打开Photoshop,执行"文件>打开"命令,在打开的对话框中选择"图片3.png"图像文件,如下左图所示。

步骤02 按Ctrl+J组合键复制图层,单击"图层"面板中"创建新的填充或调整图层"下三角按钮,在列表中选择"自然饱和度"选项,在打开的面板中设置"自然饱和度"为"+48"、"饱和度"为 "+42",如下右图所示。

步骤 03 设置完成后单击"属性"面板下方的 ◄□ 按钮，调整的参数只作用在下方图层中，图片的色彩稍鲜艳了一点，如下左图所示。

步骤 04 在"创建新的填充或调整图层"列表中选择"色相/饱和度"选项，在打开的"属性"面板中设置相关参数，此时图片的色彩更诱人了，效果如下右图所示。

7.2.3 使用Photoshop制作宣传单的内容页

扫码看视频

宣传单主要向浏览者传递商家的促销信息以及各商品的价格等。本案例以文字为主，以图片为辅，图文并茂地展示内容。下面介绍内容页的具体设计方法。

步骤 01 在Photoshop中创建297mm×210mm的文档，设置前景色的RGB值分别为240、228和211，然后按Alt+Delete组合键填充图层，如右图所示。

步骤 02 置入"木板.png"素材，适当调整其大小，然后进行复制，放置在画面的四周，制作成边框，如右图所示。

步骤03 打开在Illustrator中创建的宣传单正面，复制寿司店的标志。返回Photoshop中，按Ctrl+V组合键，在打开的"粘贴"对话框中选中"图层"单选按钮，单击"确定"按钮，如下左图所示。

步骤04 在"图层"面板中显示"图层1"组，里面包含寿司店标志的内容。按Ctrl+T组合键适当缩小并移到左上角，如下右图所示。

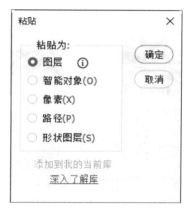

步骤05 内容页分为两部分，使用矩形分隔开来，在页面中绘制两个等大的矩形，并排摆放，并设置无填充、描边为浅橙色。在标志右侧再绘制垂直的直线，如下左图所示。

步骤06 在标志下方添加两行文本，为了突出日式料理，有一行用日文表示，如下右图所示。

步骤07 执行"文件>置入嵌入对象"命令，在打开的对话框中选择相应的3张图片，调整图片的大小和位置，如下左图所示。

步骤08 选择横排文字工具，在图片下方输入"苹果细卷 5元"等文字，如下右图所示。

步骤09 接着绘制圆角矩形。首先绘制矩形，设置圆角的半径，设置圆角矩形填充色为橙色、无描边，再添加文字，如下左图所示。

步骤10 最后在每类寿司下方添加分隔的虚线。使用相同的方法再添加图片、文字等，效果如下右图所示。

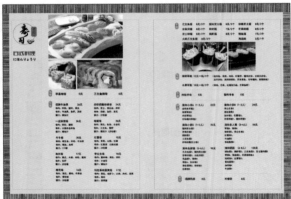

步骤11 将"宣传单背景图片.jpg"图像文件导入页面，放在左下角。复制一份并进行水平翻转，放在右下角，如下左图所示。

步骤12 为添加图片的图层添加图层蒙版，设置渐变填充，由上向下由黑色到白色的渐变，使图片的上方被隐藏起来，如下右图所示。

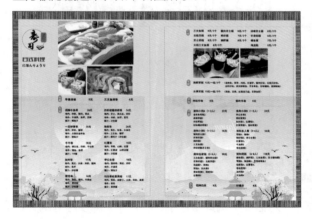

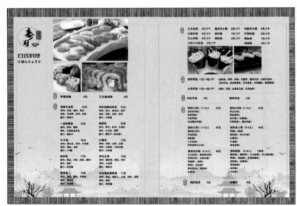

步骤13 内容页下方的图片可以适当调浅一点，将两张图片所在图层的"填充"设置为"50%"。至此，内容页制作完成，效果如右图所示。

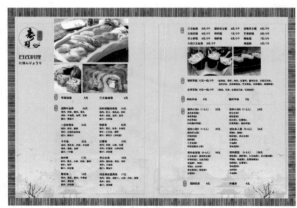

7.2.4 使用Photoshop制作宣传单的立体效果

为了使制作的宣传单更加真实，接下制作成立体的效果。下面介绍使用Photoshop实现立体效果的具体操作方法。

步骤 01 打开Photoshop，新建文档，选择渐变工具，单击属性栏"径向渐变"按钮，再单击色块，在打开的"渐变编辑器"对话框中调整白色到黑色的渐变，如下左图所示。

步骤 02 将光标定位在页面中间，按住Shift键向下移动，释放鼠标即可完成渐变填充，效果如下右图所示。

步骤 03 新建图层，置入"寿司内容页.jpg"图像文件，调整其大小并进行适当旋转，栅格化图层，如下左图所示。

步骤 04 选择钢笔工具，沿着宣传单左部分边缘绘制。右击绘制的形状，在快捷菜单中选择"建立选区"命令，如下右图所示。

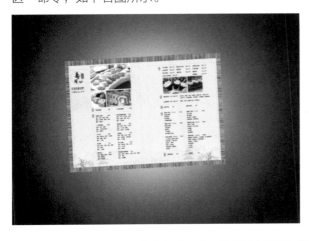
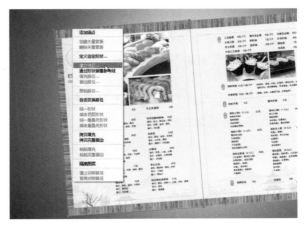

步骤 05 在打开的"建立选区"对话框中设置"羽化半径"为"0"，单击"确定"按钮，如下页上左图所示。

步骤 06 绘制的形状转换为选区后，按Ctrl+J组合键复制左侧宣传单，隐藏"形状1"图层。选择左侧宣传单所在图层，按Ctrl+T组合键，右击四周的变形框，在快捷菜单中选择"透视"命令，调整角控制点，形成左侧折起来的效果，如下页上右图所示。

步骤 07 调整好后按Enter键，接下来添加阴影。选择左侧宣传单图层，单击"图层"面板下方"添加图层样式"下三角按钮，在列表中选择"投影"选项，在打开的对话框中设置相关参数，如下左图所示。

步骤 08 使用相同的方法为另一部分宣传单添加投影，效果如下右图所示。

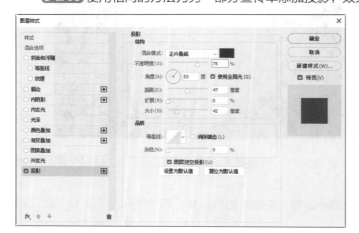
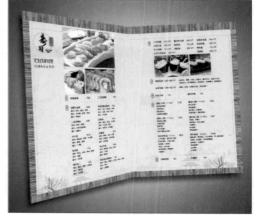

步骤 09 使用相同的方法，添加封面和内容页的立体效果。通过创建选区删除不需要的部分，通过"透视"功能制作立体效果，再添加"投影"图层样式即可，最终效果如右图所示。

第8章 海报设计

本章概述

    海报是广告艺术中的一种大众化载体，是一种宣传的途径。一份好的海报设计要主题鲜明，让人记忆深刻，要求设计者将图片、文字、色彩和空间等要素进行完美结合，以恰当的形式向人们展示出宣传的信息。

核心知识点

❶ 掌握Photoshop滤镜功能的应用
❷ 掌握Illustrator文本和图形功能的应用
❸ 掌握Photoshop图像调整功能的应用
❹ 掌握InDesign文本工具的应用

8.1 制作横幅海报

    本案例主要使用Photoshop和Illustrator制作一张横幅海报。首先通过Photoshop的色相/饱和度、色阶和色彩平衡等功能调整图片色彩，再使用Illustrator添加相关的文本和形状。

8.1.1 使用Photoshop调整图片色彩

    本节主要通过图像调整相关功能对背景图片进行调整，使其色彩更符合设计需求。下面介绍具体的操作方法。

扫码看视频

步骤 01 打开Photoshop并新建1920×700像素的文件。执行"文件>置入嵌入的对象"命令，将"风景素材.jpg"图像素材置入，调整图片的大小后移至合适的位置。将该图层命名为"照片"，执行"栅格化图层"命令，如下左图所示。

步骤 02 选择"照片"图层，执行"图像>调整>色相/饱和度"命令，在打开的对话框中设置"色相"为"-17"、"饱和度"为"-78"，如下右图所示。

步骤 03 单击"确定"按钮，可见图像的色相和饱和度降低了，效果如右图所示。

步骤 04 执行"图像>调整>照片滤镜"命令，打开"照片滤镜"对话框，单击"颜色"右侧的色块，在打开的"拾色器（照片滤镜颜色）"对话框中设置颜色为"#d41b2f"，如下左图所示。

步骤 05 返回"照片滤镜"对话框，颜色的色块变为红色，设置"密度"为"34%"，单击"确定"按钮，如下右图所示。

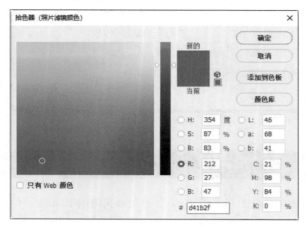
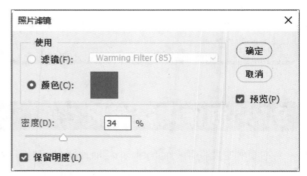

步骤 06 此时图片的整体颜色稍微偏红，如下图所示。将该图片保存为"背景图片.jpg"。

步骤 07 在Photoshop中打开"模特素材.jpg"图像文件，图片有点暗淡，如下左图所示。

步骤 08 执行"图像>调整>色阶"命令，在打开的"色阶"对话框中设置参数，如下右图所示。

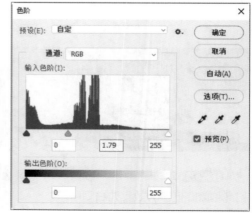

步骤09 单击"确定"按钮，可把模特素材颜色稍微提亮一点，如下左图所示。

步骤10 执行"图像>调整>亮度/对比度"命令，打开"亮度/对比度"对话框，设置"亮度"值为"13"，"对比度"值为30"，如下右图所示。

步骤11 单击"确定"按钮，可见人物素材的亮度提高了，如下左图所示。

步骤12 执行"图像>调整>色彩平衡"命令，打开"色彩平衡"对话框，设置相应的参数，如下右图所示。

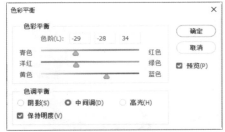

步骤13 单击"确定"按钮，查看模特图的最终效果。使用裁剪工具将图片左侧部分删除，效果如下图所示。将图片保存为"模特.jpg"。

8.1.2 使用Illustrator添加修饰文字

海报背景图片的主体图片调整完成后，接下来在Illustrator中添加形状和文本，完成横幅海报的制作。下面介绍具体操作方法。

扫码看视频

步骤 01 打开Illustrator，单击"新建"按钮，新建一个1920×700像素的文档，然后将调整好的两张图片置入并调整好位置，如下左图所示。

步骤 02 选择矩形工具，设置为无描边，设置填充颜色为"#d41b2f"。在模特图片左侧绘制等高的矩形，如下右图所示。

步骤 03 此时，背景图片太明显，会影响主体文本的显示效果。选择背景图片的图层，单击该图层右侧定位按钮，在"属性"面板的"外观"区域设置"不透明度"为"70%"，效果如下左图所示。

步骤 04 将"树叶.png"图像文件置入，调整放大在红色矩形的左上角，设置"不透明度"为"20%"，效果如下右图所示。

 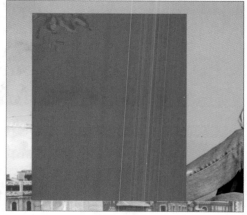

步骤 05 使用文本工具，在红色矩形的右上角输入"玩转北欧范"文本，并设置文本的字体、大小、颜色和右对齐，效果如右图所示。

步骤06 使用相同的方法继续输入相关的文本并设置字体样式，如右图所示。

步骤07 在文本下方添加适当的矩形，并设置矩形的填充颜色和不透明度。将文本和矩形进行右对齐，最后在模特照片的右侧添加竖向文本。至此，本案例制作完成，最终效果如下图所示。

8.2　制作甜点海报

本案例以甜点为设计主题，根据照片的构图及所体现的画面气氛来联想，将照片制作成涂鸦风格，将粉紫色定为基础色调，再搭配浅棕色、绿色等表现出甜蜜可爱的情调。

8.2.1　使用Photoshop将图片制作成涂鸦风格

在Photoshop中为照片应用"照亮边缘"滤镜，将照片转换为矢量图形效果，然后再调整、完善画面的色调。

扫码看视频

步骤 01 打开Photoshop，新建一个60mm×90mm的文档。新建图层为"图层1"，在工具箱中单击"设置前景色"色块，在打开的对话框中设置颜色为浅灰色（R224、G225、B220），按Alt+Delete组合键为图层填充设置的颜色，如下左图所示。

步骤 02 新建"图层2"，使用矩形选框工具在页面的右侧绘制矩形选区，占页面的一半。然后设置前景色为浅粉色（R247、G225、B236），按Alt+Delete组合键填充选区，再按Ctrl+D取消选区。最后设置"图层2"的混合模式为"正片叠底"，如下右图所示。

步骤 03 执行"文件>置入嵌入对象"命令，在打开的对话框中选择"甜点.jpg"图像文件，单击"置入"按钮，如下左图所示。

步骤 04 执行"滤镜>滤镜库"命令，打开的对话框中展开"风格化"，选择"照亮边缘"滤镜，在右侧设置"边缘宽度"为"6"、"边缘亮度"为"10"、"平滑度"为"7"，如下右图所示。

 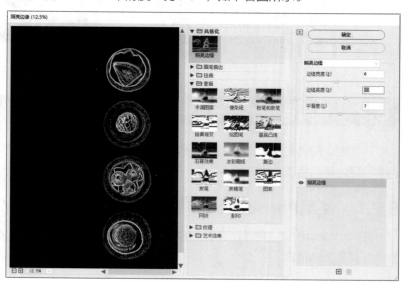

步骤05 设置完成后，不显示图片下面的图层。将"甜点"图层的混合模式设置为"差值"、"不透明度"设置为"86%"，效果如下左图所示。

步骤06 选中"甜点"图层，单击"图层"面板下方的"创建新的填充或调整图层"下三角按钮，在列表中选择"色阶"选项，在打开的"属性"面板中设置参数，如下右图所示。

 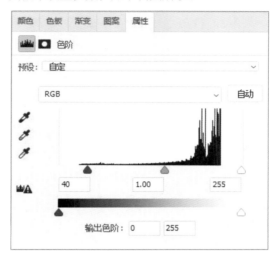

步骤07 设置完成后，可见图片的对比度增强，色彩更鲜艳，效果如下左图所示。

步骤08 单击"创建新的填充或调整图层"下三角按钮，在列表中选择"照片滤镜"选项。在"属性"面板中设置"颜色"为橘色（R250、G179、B78）、"密度"为"10%"，如下中图所示。

步骤09 调整后，图片整体偏橘色，效果如下右图所示。

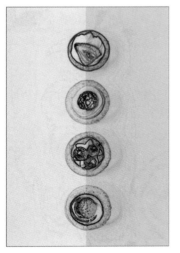  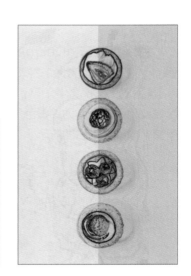

步骤10 再次单击"创建新的填充或调整图层"下三角按钮，在列表中选择"亮度/对比度"选项，设置"亮度"为"7"、"对比度"为"36"，如右图所示。

步骤11 适当增加图片的亮度和对比度，图片的最终效果如右图所示。最后将其保存为"甜点背景.jpg"图像文件，方便在InDesign中添加文本。

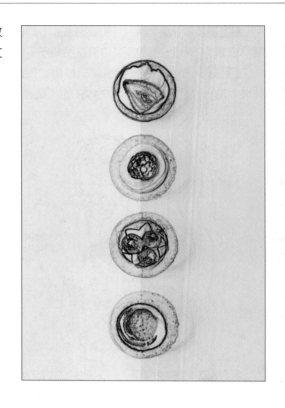

8.2.2 使用InDesign为海报添加文字

海报的图片制作完成后，还需要添加文字进一步说明。接下来使用InDesign添加文本，具体操作方法如下。

扫码看视频

步骤01 打开InDesign，新建A4大小的文档。执行"文件>置入"命令，将"甜点背景.jpg"图像文件置入，并调整大小，如下左图所示。

步骤02 选择文字工具，在页面左上角绘制文本框。输入"曲奇"文本，在"属性"面板的"外观"区域设置"填色"为棕黄色（C37、M44、Y52、K0）、无描边，在"字符"面板中设置文本的字体、字号等，效果如下右图所示。

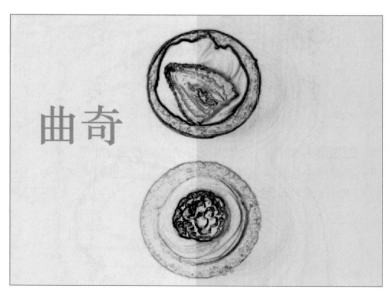

步骤 03 使用相同的方法添加其他文本，如下左图所示。

步骤 04 复制左侧文本，将其移到右侧，并设置文本的颜色为紫色（R126、G53、B110），修改文本内容，效果如下右图所示。

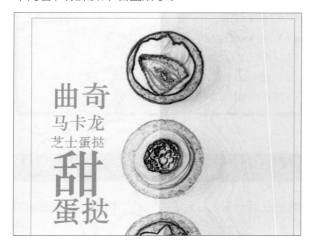

步骤 05 选择直排文字工具，在下方输入一段文本，设置文本的样式。复制一份并移到右侧，修改相关内容。至此，甜心海报制作完成，最终效果如右图所示。

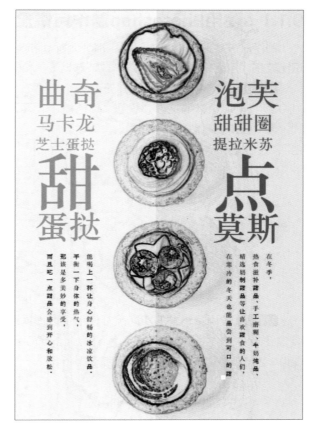

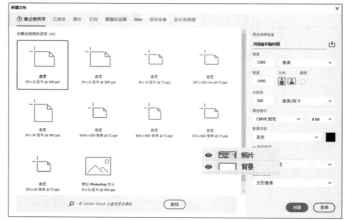

第9章　包装设计

本章概述

　　包装代表着一个商品的品牌形象，好的包装可以让商品在同类产品中脱颖而出，吸引消费者的注意力并引发其购买行为。本章以制作月饼盒包装为例，介绍商品包装的设计方法。

核心知识点

❶ 掌握Photoshop中图层样式的应用
❷ 掌握Photoshop中选区的应用
❸ 掌握Illustrator中图形的运算方法
❹ 掌握Illustrator中图形的绘制方法

9.1　设计月饼盒平面

　　中秋佳节当然不能少了月饼。本案例首先制作月饼盒的正面，采用红色为主色调，再搭配一些图案和文字，制作出富贵、喜庆的效果。

9.1.1　使用Photoshop制作月饼盒平面效果

　　制作月饼盒平面时，主要使用Photoshop制作表面的图像、纹理等。涉及Photoshop的知识比较多，包括剪贴蒙版、图层样式、选框工具和图层蒙版等，下面介绍具体操作方法。

扫码看视频

　　步骤 01 打开Photoshop并新建一个1500×1400像素的文件，设置"颜色模式"为"CMYK颜色"、"背景内容"为"黑色"，如右图所示。

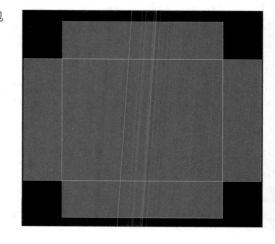

　　步骤 02 按照月饼盒的实际尺寸使用矩形工具绘制出包装盒形状，尺寸分别为1000×660、1000×240、660×240，并填充红色，如右图所示。

步骤 03 执行"文件>置入嵌入对象"命令，置入"花纹.png"图像文件，调整和中间矩形一样大小。在"图层"面板中设置"花纹"图层的混合模式为"正片叠底"，此时花纹图像变淡，效果如下左图所示。

步骤 04 选择矩形工具，在中间绘制矩形，设置填充颜色为黑色、无描边，将绘制的矩形移到页面的中间偏下位置，如下右图所示。

步骤 05 执行"文件>置入嵌入对象"命令，将"人物.png"图像文件置入页面中，并调整大小和位置。创建矩形的剪贴蒙版，然后为"人物"图层添加图层蒙版显示部分内容，如下左图所示。

步骤 06 复制一份"人物"图层，将其移至合适的位置，向下创建剪贴蒙版，然后添加图层蒙版显示部分内容，如下右图所示。

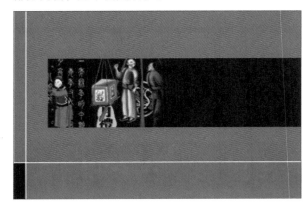
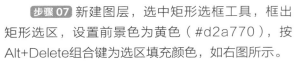
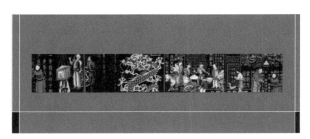

步骤 07 新建图层，选中矩形选框工具，框出矩形选区，设置前景色为黄色（#d2a770），按Alt+Delete组合键为选区填充颜色，如右图所示。

步骤 08 双击矩形所在的图层，打开"图层样式"对话框，添加"斜面和浮雕"图层样式，设置相关参数，如右图所示。

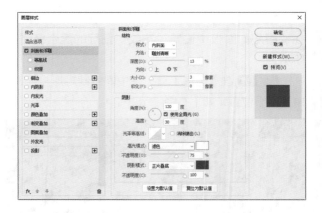

步骤 09 单击"确定"按钮，可见矩形的边缘有凹凸感，如下左图所示。

步骤 10 新建图片，绘制稍小点的矩形选区，填充紫色（#5a0000），如下右图所示。

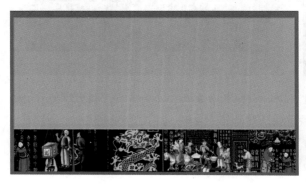
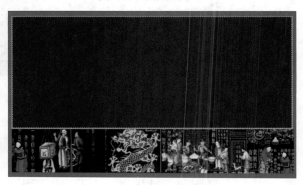

步骤 11 新建图层，再绘制稍小点的矩形选区，设置填充颜色为#f4e6ce，如右图所示。

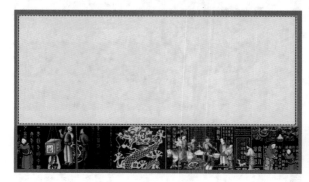

步骤 12 使用矩形选框工具绘制矩形选区，填充颜色为黑色。然后将绘制的黑色矩形放置在人物和之前绘制矩形的底部，如右图所示。

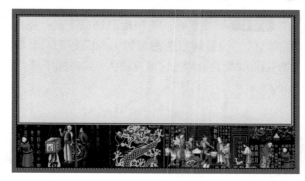

步骤13 继续使用矩形选框工具，在左上角绘制正方形选区，如下左图所示。

步骤14 执行"编辑>描边"命令，在打开的"描边"对话框中设置描边宽度为"6像素"、"颜色"为黄色、"位置"为"居中"，单击"确定"按钮，如下右图所示。

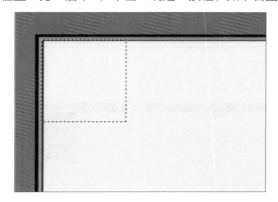

步骤15 按Ctrl+D组合键取消选区。双击所在的图层，打开"图层样式"对话框，添加"斜面和浮雕"图层样式，设置"样式"为"浮雕效果"、"方法"为"平滑"、"深度"为411%、"方向"为"上"，设置阴影角度为"120度"、"高度"为"30"。接着再设置"高光模式"为"颜色减淡"、颜色为浅黄色、"不透明度"为"73%"、"阴影模式"为"正片叠底"、颜色为黄色、"不透明度"为"61%"，如下左图所示。

步骤16 单击"确定"按钮，查看为矩形添加斜面和浮雕的效果，如下右图所示。

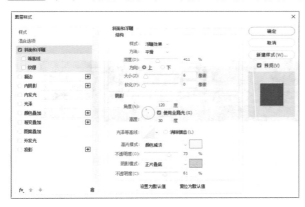

步骤17 选择矩形选框工具，在矩形中绘制正方形选区，并填充褐色（#5e1000），如下左图所示。

步骤18 置入"花纹2.png"素材文件，调整其大小并放在矩形上方，创建剪贴蒙版，然后复制"花纹2"，进行垂直翻转并调整位置，如下右图所示。

步骤19 复制一份，移到右侧，如下图所示。

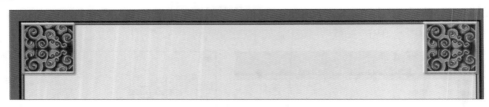

步骤20 置入"横框1.png"图像文件，调整大小和位置，如下图所示。

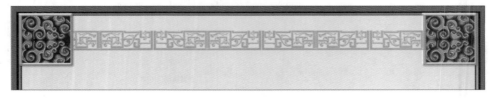

步骤21 为"横框1"添加"斜面和浮雕"图层样式，设置的参数与步骤15一样。在横框下方创建矩形，填充颜色为黑色，效果如下图所示。

步骤22 置入"横线花纹1.png"图像素材，调整素材的大小和位置。复制一份移至横框的下方，如下图所示。

步骤23 在"图层4"上方新建图层，并置入"花1.psd"文件，调整花的大小和位置，向下创建剪贴蒙版，如下左图所示。

步骤24 新建图层，使用椭圆选框工具绘制正圆选区。执行"编辑>描边"命令，在打开的对话框中设置描边宽度为"5像素"、"颜色"为红色，并填充黑色，如下右图所示。

步骤25 置入"圆背景.png"和"圆背景2.png"图像，分别调整大小和位置，效果如下左图所示。

步骤26 置入"圆背景3.png"图像文件，调整至合适的大小，并移到圆的中心位置，如下右图所示。

步骤27 使用椭圆选框工具在"圆背景3"上方绘制正圆形。在"图层"面板中保持"圆背景3"图层为选中状态，单击"添加图层蒙版"按钮，则在选区外的图像会隐藏起来，如下左图所示。

步骤28 置入"圆背景5.png"图像素材，调整大小并放在"圆背景3"图像的外侧，同时保证添加的圆背景素材和圆为同心，如下右图所示。

步骤29 为"圆背景5"图层添加"斜面和浮雕"图层样式，具体参数如下左图所示。

步骤30 设置完成后，单击"确定"按钮，效果如下右图所示。

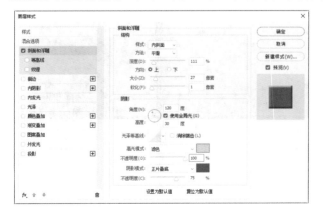

步骤 31 在"圆背景5"下方新建图层，使用钢笔工具沿着"圆背景5"图像左侧绘制形状，设置填充颜色为青色（#004848）、无描边，如下左图所示。

步骤 32 新建图层，使用椭圆选框工具绘制正圆形选区。执行"编辑>描边"命令，设置宽度为"5像素"、"颜色"为灰白色。再添加"斜面和浮雕"图层样式，具体参数如下右图所示。

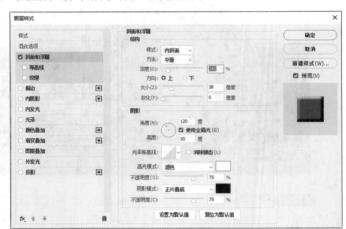

步骤 33 置入"龙.png"图像素材，调整大小和位置，并添加和步骤32相同的"斜面和浮雕"图层样式。至此，使用Photoshop将月饼包装盒的正面处理完成，效果如下图所示。将其保存为"月饼盒.jpg"。

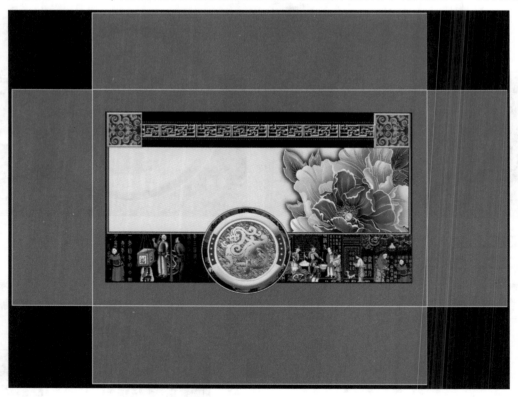

9.1.2 使用Illustrator添加修饰文字

月饼盒的主体效果图调整完成后，接下来在Illustrator中添加形状和文本，完成月饼盒平面的制作。下面介绍具体操作方法。

步骤01 打开Illustrator，单击"新建"按钮，新建文档。在菜单栏中执行"文件>文档设置"命令，在打开的对话框中单击"编辑画板"按钮，在属性栏中设置"宽"为"1500px"、"高"为"1400px"。"文档设置"对话框如下左图所示。

步骤02 将保存的"月饼盒.jpg"图像文件导入，选择椭圆工具，设置无填充、无描边，在圆的位置绘制正圆形，如下右图所示。

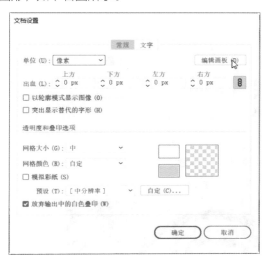

步骤03 选择路径文字工具，以绘制的圆形为路径添加文字，然后设置文字的字体、字间距等。为了使文字两边对称，可以适当进行旋转，效果如下左图所示。

步骤04 选择矩形工具，设置填充红色、无描边。在属性栏中设置"边角类型"为"反向圆角"、值为"15px"，效果如下右图所示。

步骤 05 选中绘制的圆角矩形，在菜单栏中执行"效果>风格化>羽化"命令，在打开的"羽化"对话框中设置"半径"为"5px"，可见矩形四周出现虚化的效果，如下左图所示。

步骤 06 再绘制同样大小的圆角矩形，设置无填充、描边为浅灰色、宽度为"5pt"。执行"效果>风格化>投影"命令，在打开的对话框中设置相关参数，如下右图所示。

步骤 07 设置好投影后，圆角矩形的效果如下左图所示。

步骤 08 使用直排文字工具，在圆角矩形内输入"富贵有礼"文本，设置文本的样式。执行"效果>风格化>外发光"命令，在打开的对话框中设置相关参数，如下右图所示。

步骤 09 接着在中间输入文本，并设置文本的样式，如右图所示。

步骤10 执行"文件>置入"命令，在打开的对话框中分别将"福礼.png"和"云.png"两个素材置入，并调整大小和位置，如右图所示。

步骤11 在页面左侧输入直排文本并设置字体样式，然后在云朵图形的右侧输入文本并设置字体样式，如下左图所示。

步骤12 在"云"图层下方绘制小正圆，设置填充颜色和描边，并复制3份移至合适的位置。通过单击属性栏中"垂直居中对齐"和"水平居中分布"按钮，将4个正圆排列整齐，如下右图所示。

步骤13 选中4个正圆形，执行"窗口>路径查找器"命令，在打开的"路径查找器"面板中单击"联集"按钮，则选中的图形合并为一个形状，如下图所示。

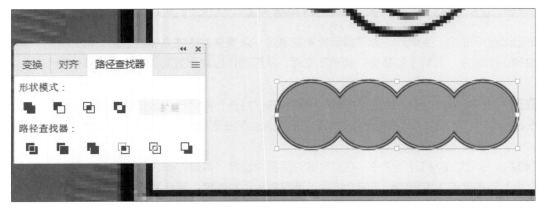

步骤14 复制1份合并后的形状，向右移动并对齐。然后使用文字工具输入"尊贵精致"文本，设置填充颜色、字体大小和字间距等，使4个文字分别在4个圆形中。再复制文本移到另一个合并图形上方，并修改文本，如下图所示。

步骤15 至此，月饼盒平面制作完成，效果如下图所示。最后执行"文件>导出>导出为"命令，将其保存为"月饼盒平面设计.jpg"文件。

9.2 使用Photoshop制作月饼盒的立体效果

月饼包装盒平面设计完成后，为了展示效果更直观，还需要制作成立体的效果。首先要抠取包装盒的正面部分，再制作包装盒的侧面和底面，从而制作出立体效果。下面介绍具体操作方法。

扫码看视频

步骤01 打开Photoshop，单击"打开"按钮，在"打开"对话框中选择保存好的"月饼盒平面设计.jpg"图像文件。选择矩形框选工具，在包装盒的正面绘制矩形选区。在菜单栏中执行"编辑>拷贝"命令，如下页上左图所示。

步骤02 执行"文件>打开"命令，在打开的对话框中选择"背景2.jpg"图像文件。然后执行"编辑>粘贴"命令，将选区的内容复制到当前文档中，调整其大小和位置，使月饼盒正面位于中间位置，如下页上右图所示。

步骤 03 选择添加月饼盒正面文件，执行"编辑>变换>扭曲"命令，拖动控制点调整形状，按Enter键确认，如下左图所示。

步骤 04 选择钢笔工具，绘制月饼盒左侧面的路径，然后将路径转换为选区，如下右图所示。

步骤 05 选择油漆桶工具，为选区填充颜色为#5c0d0d。使用相同的方法，为底部添加选区，填充相同的颜色。至此，月饼盒立体效果制作完成，如下图所示。

第10章 杂志设计

本章概述

　　杂志是现代人传达信息、传播知识、弘扬文化的主要信息载体，具有目标受众准确、时效性强、宣传力度大等特点。一般杂志设计比较轻松、活泼、色彩丰富，版式的图文编排灵活多变。本章以时尚杂志设计为例，介绍杂志的设计方法。

核心知识点

❶ 掌握使用Photoshop处理人像的方法
❷ 掌握使用CorelDRAW生成条形码的功能
❸ 掌握使用InDesign处理图形的功能
❹ 掌握InDesign文本工具的应用

10.1 制作杂志的封面

　　本节将介绍如何制作杂志的封面。首先使用Photoshop对图片中的人物进行处理，使其更符合杂志封面的要求，然后使用Illustrator添加相应的文本内容。

10.1.1 使用Photoshop处理人像

　　本节将介绍如何应用Photoshop的选区、仿制图章工具、高反差保留、色阶、图层混合模式和图层样式等功能进行人像处理，下面介绍具体的操作方法。

扫码看视频

步骤 01 打开Photoshop，新建一个2125×3000像素的文件。执行"文件>置入嵌入的对象"命令，将"模特.jpg"图像素材置入，调整图片的大小并移至合适的位置，最后栅格化图层，如下左图所示。

步骤 02 在工具箱中选择矩形选框工具，在图像的空白区域绘制矩形选区。执行"编辑>填充"命令，打开"填充"对话框，设置"内容"为"内容识别"，单击"确定"按钮，如下右图所示。

步骤 03 按Ctrl+D组合键取消选区，使用仿制图章工具按Alt键选取周围图像作为仿制源，在不协调的位置涂抹，效果如下左图所示。

步骤 04 再选择仿制图章工具，缩小画笔，将模特脸部皮肤和手臂皮肤上的斑点去除掉，如下右图所示。

步骤 05 打开"通道"面板，选中通道"蓝"并右击，在弹出的快捷菜单中选择"复制通道"命令，得到"蓝 副本"，如下左图所示。

步骤 06 选择复制的通道图层后，在菜单栏中执行"滤镜>其他>高反差保留"命令，并在弹出的"高反差保留"对话框中进行参数设置，如下右图所示。

步骤 07 在菜单栏中执行"图像>应用图像"命令，在弹出的"应用图像"对话框中将"混合"改成"叠加"，单击"确定"按钮，如右图所示。

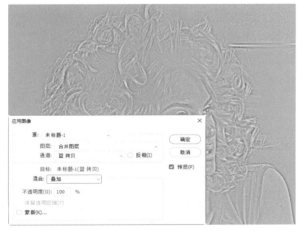

步骤 08 重复上一步骤，再执行一次"应用图像"操作，效果如右图所示。

步骤 09 再次在菜单栏中执行"图像>应用图像"命令，将"混合"改成"线性减淡（添加）"，如下左图所示。

步骤 10 按Ctrl+L组合键，在弹出的"色阶"对话框中调整该通道图层的色阶，让画面对比度更强烈一些，接近纯黑和纯白，如下右图所示。

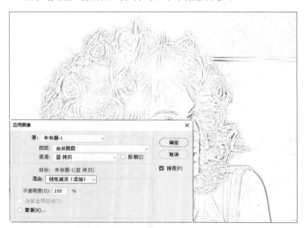

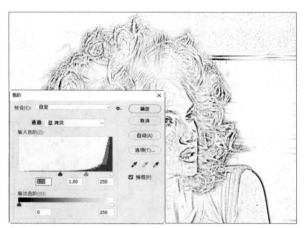

步骤 11 选择画笔工具，设置前景色为"白色"、画笔大小随意、硬度为"40%"，将人物的背景、衣服、眼睛、鼻子和嘴巴位置都涂白，只留下皮肤，如右图所示。

步骤 12 按住Ctrl键的同时选中该通道图层，建立一个选区。保持选区并单击RGB通道，回到图层面板，按Ctrl+Shift+I组合键反向选区，如右图所示。

步骤 13 保持选区，新建一个"曲线"图层，提亮人物脸部坑洼处的暗部，如下左图所示。

步骤 14 接下来处理人物脸部坑洼处的亮部，再回到通道面板，重新复制一次"蓝"通道，并在菜单栏中执行"滤镜>其他>高反差保留"命令，在弹出的"高反差保留"对话框中进行参数设置，如下右图所示。

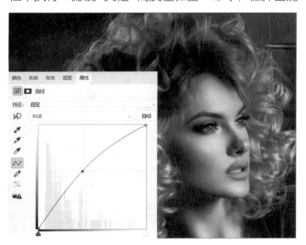

步骤 15 在菜单栏中执行"图像>应用图像"命令，将"混合"设置为"叠加"，并重复3次同样的操作，如下左图所示。

步骤 16 按Ctrl+L组合键调出"色阶"对话框，进行参数设置，直到对比强烈，如下右图所示。

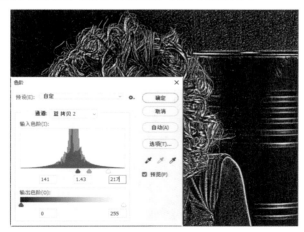

步骤17 在工具栏中选择画笔工具，设置前景色为黑色，适当调整画笔大小，设置硬度为40%左右。涂抹人物至只剩下皮肤即可，脸上涂不准的地方先不涂，如下左图所示。

步骤18 同样的方式，将通道作为创建选区，保持选区回到"图层"面板，新建"曲线"调整图层，适当调整曲线，如下右图所示。

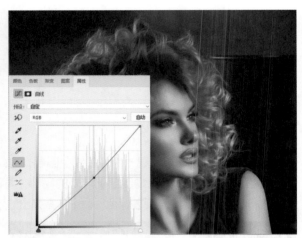

步骤19 在该图层蒙版上选择黑色画笔，将人物鼻子、眼睛、嘴巴部分涂抹出来，如右图所示。

步骤20 按Ctrl+Shift+Alt+E组合键盖印图层，得到完整的模特图层，如右图所示。

步骤 21 在"图层"面板中单击"创建新的填充或调整图层"下三角按钮，在列表中选择"色相/饱和度"命令，调整参数，降低画面饱和度，如下左图所示。

步骤 22 使用相同的方法添加"曲线"图层，向下拖动曲线，适当压暗画面，如下右图所示。

步骤 23 新建"色阶"调整图层，适当提亮整体图像，如下左图所示。

步骤 24 新建"照片滤镜"调整图层，设置颜色为#0022cd，通过建立并涂抹图层蒙版，给图片边缘及人物头发增加一点蓝调的暗感。将所有图层选中，按Ctrl+G组合键进行编组，命名为"模特与背景"。至此，杂志封面的人像处理完成，效果如下右图所示。最后将文件导出为图片。

10.1.2 使用Illustrator添加修饰文字

杂志封面的人像处理完成后，还需要添加文本内容。本节将使用Illustrator为杂志封面添加文字，下面介绍具体操作方法。

扫码看视频

步骤01 打开Illustrator，单击"新建"按钮，新建一个2125×3000像素的文档，然后将模特图片置入并调整位置，如下左图所示。

步骤02 新建图层，选择文字工具，输入"时尚的气息"文本，并设置文本样式，如下右图所示。

步骤03 保持文本图层为选中状态，在菜单栏中执行"效果>风格化>外发光"命令，在打开的"外发光"对话框中设置相关参数，效果如下左图所示。

步骤04 使用相同的方法输入其他文本，注意文本的对齐方式，效果如下右图所示。

步骤 05 为了使文本和背景人物形成前后的层次感，接下来将"美丽俏女郎"文本制作成在人物后面的效果。使用钢笔工具，沿着人物与文本重叠部分绘制形状，如右图所示。

步骤 06 选择绘制的形状，按住Shift键再选择文本，在菜单栏中执行"对象>剪贴蒙版>建立"命令，此时文字与人物重叠的部分被删除，如右图所示。最后将文件导出为图片。

10.2 制作杂志的封底

封底是一本杂志书皮的底面，是杂志的重要构成元素，是封面、书脊的延展、补充、总结或强调。本案例中的封底包含图片、文字、条形码等内容。

10.2.1 制作条形码

扫码看视频

接下来通过CorelDRAW生成条形码并保存，然后再通过Illustrator在杂志封底的右下角添加条形码和相关文字。下面介绍具体操作方法。

步骤 01 打开CorelDRAW软件，新建空白文档。在菜单栏中执行"对象>插入>条形码"命令，打开"条码向导"对话框，设置"从下列行业标准格式中选择一个"为"EAN-13"，在下方输入12位数字和2～5个数，单击"下一步"按钮，如右图所示。

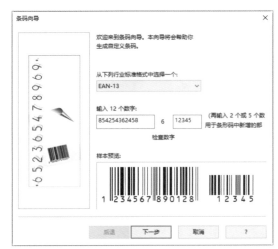

步骤 02 进入条码向导界面，设置"打印机分辨率"为"300dpi"、"单位"为"mm"，其他参数如下左图所示。

步骤 03 单击"下一步"按钮，在下一界面中单击"完成"按钮，即可创建条形码，如下右图所示。

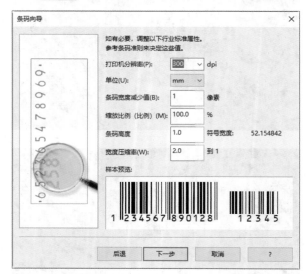

步骤 04 选择裁剪工具，在条形码四周创建裁剪框，然后单击左上角"裁剪"按钮，如右图所示。最后执行"文件>导出"命令，在"导出"对话框中设置"保存类型"为"JPG"，并设置图片的保存路径和名称。

10.2.2　制作封底

扫码看视频

接下来通过CorelDRAW制作杂志的封底。本示例制作的封底较简单，以图片为主，添加条形码和二维码即可，下面介绍具体操作方法。

步骤 01 打开CorelDRAW，新建一个4250×3000像素的文档。执行"文件>导入"命令，将制作好的封面和"封底图片.jpg"图像文件导入，将封面放在右侧，封底图片放在左侧，如右图所示。

步骤 02 选择裁剪工具，沿着页面的对角进行裁剪，删除页面之外的内容，如右图所示。

步骤 03 选择左侧的图片，在属性栏中单击"水平镜像"按钮，使图片水平翻转。选择文字工具，在左侧输入"专属您的定制美丽"，在"文本"面板中设置文本的字体、字号和颜色等，如右图所示。

步骤 04 接着再输入两行英文并设置字体格式。选择2点线工具，按住Shift键绘制水平直线，设置线宽为"3px"、颜色为红色。选择绘制的直线和文本，执行"对象>对齐与分布>水平居中对齐"命令，如右图所示。

步骤 05 导入上一节制作的条形码，并调整至合适大小，放在封底右下角处。使用文字工具添加文本并添加直线，效果如右图所示。

步骤 06 在封底的左下角添加"二维码.jpg"图像文件，并在下方添加文本。至此，封底制作完成，效果如右图所示。

10.3　制作杂志的目录

本杂志的目录占两页，主要的元素是文字，然后再搭配图片进行修饰、美化。主要使用InDesign软件制作杂志的目录。

10.3.1　添加图片

首先，在InDesign中创建页面，然后在目录页添加修饰的图片。添加图片要根据页面进行合理布局，否则会使目录不协调。下面介绍具体操作方法。

扫码看视频

步骤 01 打开InDesign，新建一个2125px×3000px的文档，同时设置边距为"30px"。执行"文件>文档设置"命令，打开"文档设置"对话框，设置"页数"为"8"、"起始页码"为"2"，如下左图所示。

步骤 02 执行"文件>置入"命令，在打开的对话框中导入"背景1.jpg"图像文件，调整大小与页面同宽，放在偏上方的位置，如下右图所示。

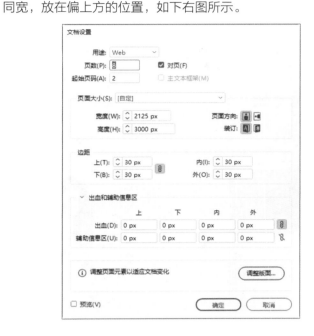

步骤 03 再置入"背景2.jpg"图片，将其放在第3页的左上角，适当调整其大小。再将"girl.png"图像素材放置在下方，如下左图所示。

步骤 04 接下来添加形状，对第3页左下角的图片进行修饰。选择椭圆工具，在左上角绘制椭圆形，设置填充为红色、"色调"为"50%"、无描边，如下右图所示。

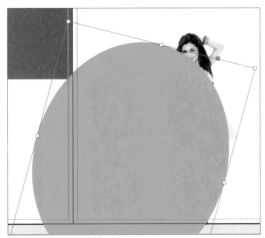

步骤 05 保持圆形为选中状态，执行"窗口>效果"命令。打开"效果"面板，单击"向选定的目标添加对象效果"下三角按钮，在列表中选择"渐变羽化"选项。打开"效果"对话框，设置"类型"为"线性"、"角度"为"57°"，如右图所示。

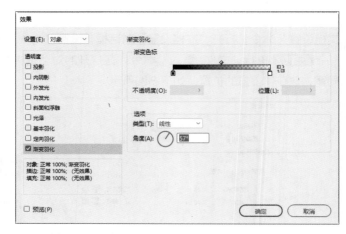

步骤 06 单击"确定"按钮，查看椭圆形应用渐变并设置不透明度的效果，如右图所示。

步骤 07 使用相同的方法，再绘制一个正圆形，放在人物的右下角，设置填充颜色为青色，并设置渐变效果，如右图所示。

步骤 08 接下来将超出页面外的形状删除，使用矩形工具沿着页面的左边向右绘制矩形，如右图所示。

步骤 09 选择椭圆形，再选择矩形，在菜单栏中执行"对象>路径查找器>减去"命令，会从椭圆中减去与矩形相交的部分，如下左图所示。

步骤 10 使用相同的方法，删除其他超出页面的部分，效果如下右图所示。

10.3.2 添加目录中的文本

为目录页添加文字，可以清晰地表达正文所包含的内容结构。用户还可以根据正文标题的级别设置字体格式，下面介绍具体操作方法。

扫码看视频

步骤 01 在InDesign中选择文字工具，在第2页上方输入"目录"文本，并在"属性"面板的"字符样式"中设置文本的字体、字号和字间距，如下左图所示。

步骤 02 然后在"目录"文本的下方输入"CONTENTS"文本和对应的日期，并设置字号和字体的颜色，如下右图所示。

步骤 03 使用相同的方法添加第2页的其他文本，并设置字符格式，在最下方为段落文本，可以设置相关的段落格式，如右图所示。

步骤 04 切换至第3页，输入第1部分的大标题，然后绘制直线，再输入该部分的小标题文本。通过文本的大小和颜色的深浅突出标题的级别，并在右侧添加对应的页码，如右图所示。

步骤 05 为了保证每一部分的文本格式一致，我们可以将第1部分的目录内容复制并粘贴，然后修改对应的内容即可。此处具体内容可以根据制作的内容页进行填写，只复制第1部分，目录内容不进行修改，效果如下图所示。

课后练习答案

第1章

一、选择题

（1）B　　（2）D　　（3）C　　（4）A

二、填空题

（1）像素点

（2）Photoshop

第2章

一、选择题

（1）D　　（2）D　　（3）B　　（4）A

二、填空题

（1）纯色、渐变、图案

（2）模糊

（3）海绵工具

第3章

一、选择题

（1）D　　（2）B　　（3）C　　（4）A

二、填空题

（1）Shift、Ctrl+Shift

（2）合并实时上色、对象>实时上色>合并

（3）对象>文字绕排>建立

第4章

一、选择题

（1）A　　（2）D　　（3）D　　（4）C

二、填空题

（1）同时编辑所有角

（2）轮廓、填充、文本

（3）置于单元格内部

第5章

一、选择题

（1）C　　（2）A　　（3）D　　（4）B

二、填空题

（1）Alt+Shift

（2）自由变换工具

（3）主页

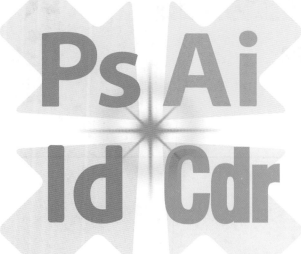